PORK COOK BOOK

豬肉風味全書

一隻豬從頭吃到尾的不失敗烹調絕技200⁺

豬跳舞餐廳主廚　　Jason 林志豪

PORK
COOK
BOOK

PORK COOK BOOK

目錄

| PART 1 | **美味豬肉聰明選購指南** | **16** |

主廚帶你選・優質台灣豬肉品牌 —————————— 18
主廚帶你看・豬肉各部位美味圖解 —————————— 24

| PART 2 | **從頭吃到尾的豬料理** | **26** |

1 低脂鮮甜 **豬里肌** 28

Q 買回來的里肌肉如何處理？ —————————— 29
Q 里肌肉該怎麼烹調最好吃？ —————————— 29
Q 炸肉時，能保持里肌肉汁和口感的小撇步？ —————————— 29
Q 讓豬里肌提昇美味的醃製法？ —————————— 30
Q 當餐沒食用完的里肌肉，隔餐可以如何變化烹調？ —————————— 31
Q 適合碳烤或烘烤烹調的豬肉部位？ —————————— 31
Q 什麼方法能讓里肌肉變得更軟嫩？ —————————— 31
Q 如何製作好吃的里肌肉排？ —————————— 31

烤小里肌佐紅酒洋蔥醬 —————————— 32
黑橄欖豬肉捲 —————————— 34
炸起司豬排佐第戎醬 —————————— 36
蘋果葡萄乾烤豬肉 —————————— 38
紅咖哩豬肉燉飯 —————————— 40
丁骨豬肉佐香料鹽 —————————— 42

2 肉厚帶油花 **腹脅部** 44

Q 腹脅部位如何修整處理？ —————————————— 45
Q 烹調五花肉時的小訣竅？ —————————————— 45
Q 肥瘦比例不同的五花肉，各適合哪種烹調方式？ ——— 46
Q 五花肉只能順紋切？ ———————————————— 46
Q 豬五花的去腥汆燙怎麼做？ ————————————— 47
Q 滷製豬五花時有什麼訣竅？ ————————————— 47
Q 豬軟骨怎麼做處理？ ———————————————— 48
Q 烹調時可以加什麼讓豬五花有不同風味變化？ ——— 48
Q 吃不完的五花肉塊或肉片如何應用？ ———————— 48
Q 沒烹調完的五花肉如何保存？ ———————————— 48
Q 烹調五花肉前的處理法？ —————————————— 49

香煎豬五花配漬蔬菜 —————————————————— 50
黑胡椒二層肉 ——————————————————————— 52
西班牙豬肉燉鍋 —————————————————————— 54
燉煮豬軟骨 ———————————————————————— 56
德國鹹菜燉豬五花 ———————————————————— 58
腩排燉馬鈴薯 ——————————————————————— 60
咖哩與辣椒燉豬小排 ——————————————————— 62

3 味豐口感佳 **肩胛肉** 64

Q 肩胛肉的前處理方式？ —————————————— 65
Q 讓肩胛肉在烹調時形狀能更漂亮的方法？ —————— 65
Q 肩胛肉適合什麼樣的烹調？ ————————————— 66
Q 用肩胛肉做料理時應注意？ ————————————— 66
Q 醃漬肩胛肉時可以怎麼做？ ————————————— 66
Q 如何料理整塊肩胛肉不會柴而能帶汁？ ——————— 66
Q 超市買的整盒梅花肉片，如果沒烹調完要如何保存？ — 67
Q 冷凍肉的正確退冰方式？ —————————————— 67

Q 用肩胛肉做美味肉排的秘訣？————————————— 67
Q 肩胛肉能變化做哪些料理？————————————— 67

香料肉醬抹麵包 ————————————————— 68
涼拌酸甜醬豬肉片 ——————————————— 70
蕃茄辣醬豬梅花細扁麵 ————————————— 72
燉煮梅花豬佐蜂蜜肉汁 ————————————— 74

❹ 肉質結實 豬前腿及後腿   76

Q 豬腿肉適合怎樣的烹調法？————————————— 77
Q 烹調前，蹄膀怎麼做處理？————————————— 77
Q 烹調豬蹄之前，該如何做前處理？————————— 77
Q 如何挑選豬腿及烹調？——————————————— 77
Q 豬腱烹調前的處理怎麼做？———————————— 78
Q 豬腱的去腥方法？————————————————— 78
Q 豬腱可以做哪些美味烹調？———————————— 79
Q 煮豬蹄或豬腳時更好吃的小秘訣？————————— 79
Q 如何能讓豬腳滷得更軟爛？———————————— 79
Q 滷蹄膀時輔助肉塊定型的方法？—————————— 79

義式香料豬米飯可樂餅 ————————————— 80
德國豬腳佐蜂蜜芥末醬 ————————————— 82
奶油錦菇燴豬腱 ———————————————— 84
紅酒燉豬腱佐時蔬 ——————————————— 86
高麗菜肉捲佐肉汁 ——————————————— 88
慢煮後腿肉附奶油白豆 ————————————— 90
白酒高湯燉豬蹄 ———————————————— 92
蔬菜腰豆燉豬肉 ———————————————— 94
燜煮後蹄膀 —————————————————— 96
台東 Salimali 風味香烤豬腿肉 ————————— 98

5　Q勁迷人 **豬耳朵、豬頭皮**　100

Q 挑選豬耳朵時怎麼看？————————101
Q 買回來的豬耳朵如何做處理？————————101
Q 前處理整張豬頭皮的方法？————————102
Q 汆燙豬耳朵時可加什麼去腥？————————102
Q 豬頭皮表面有皺摺的部份，如何清潔？————————102
Q 用火燒去除豬皮上的雜毛會比較快嗎？————————103
Q 滷製豬耳朵的美味訣竅？————————103
Q 豬頭皮及豬耳朵的烹調建議？————————103
Q 除了滷或燻，還有哪些方法能簡單烹調豬耳朵？————————103

豬肉凍————————104
鹹酥豬耳佐酸豆美乃滋————————106
蕃茄燴豬耳————————108

6　美味精華 **豬內臟**　110

Q 如何處理豬腰？————————111
Q 如何處理豬心？————————111
Q 腰花的烹調方式有哪些？————————111
Q 如何處理豬肚才不帶腥味？————————112
Q 能讓豬肚保持口感的烹調法？————————112
Q 豬肝如何處理及去腥呢？————————112
Q 怎麼處理豬腸才乾淨？————————112
Q 如何處理豬肝及保鮮？————————113
Q 豬內臟維持鮮度及去腥的方法？————————113
Q 如何汆燙豬肝才能保有嫩度？————————113
Q 怎麼烹調腰子能更入味？————————113

PORK
COOK
BOOK

爐烤肝連沙拉 —————————————————————————————— 114

油炸豬肝配時蔬 ————————————————————————————— 116

腰花茄汁義大利麵 ——————————————————————————— 118

蕃茄豬肚燉飯 —————————————————————————————— 120

豬肚香料麵包燒 ————————————————————————————— 122

奶油起士豬肝麵餃 ——————————————————————————— 124

豬腱湯佐鯷魚醬 ————————————————————————————— 126

⑦　　變化多樣 **豬絞肉**　　　　　　　　　　　128

Q 什麼豬肉部位最適合做絞肉，肥瘦肉比例又該怎麼抓？ ——————— 129

Q 絞肉絞一次或兩次的差別在哪裡？ —————————————————— 129

Q 絞肉也需要做前處理再烹調嗎？ ——————————————————— 129

Q 捏製肉排或肉丸時能更好吃的訣竅？ ————————————————— 130

Q 絞肉的延伸變化有哪些？ —————————————————————— 130

Q 讓肉丸或肉排更帶汁的烹調法？ ——————————————————— 131

Q 用不完的絞肉怎麼保存才好？ ———————————————————— 131

Q 炸肉丸或肉排時，如何避免過焦？ —————————————————— 131

Q 如何製作濃郁但不油膩的肉燥？ ——————————————————— 131

快炒香辣豬肉燥 ————————————————————————————— 132

炸豬肉丸佐檸檬優格醬 ———————————————————————— 134

豬跳舞風燴煮豬肉丸 ————————————————————————— 136

炸春捲佐甜辣醬 ————————————————————————————— 138

焗烤漢堡肉佐蜂蜜芥末醬 —————————————————————— 140

⑧　　風味多變 **其他部位**　　　　　　　　　142

Q 帶骨肋排的處理方法？ ——————————————————————— 143

Q 豬頰肉的美味料理法和訣竅？ ———————————————————— 143

Q 豬尾巴的處理及去腥？ ——————————————————————— 144

Q 豬尾巴的美味烹調法？ 144
Q 豬舌如何處理和去腥味？ 145
Q 豬頸肉適合何種烹調法？ 145
Q 丁骨豬排的處理和烹煮法？ 145
Q 松阪豬是指豬隻身上哪個部位？ 145
Q 如何美味烹調丁骨豬排？ 145

油醋豬頰肉沙拉 146
豬頸肉佐味噌沙拉醬 148
煙燻豬頰肉 150
酥炸豬尾巴 152
豬尾巴蔬菜湯 154
豬舌燉飯 156
墨西哥香料烤肋排 158
高麗菜燉豬肋排 160

COLUMN	主廚私授：每一部位都不浪費的美味作法	162

涼拌豬皮 163
豬油烘蛋 165
不失敗豬骨高湯 166
豬血炒韭菜 167
豬網油肉捲 168

索引 170

大家都聽過一句臺灣俗諺「沒吃過豬肉，也看過豬走路」，但是隨著時代的改變，這情形卻相反過來了，我們吃豬肉的機會應該比看過活生生的豬還多吧！身為一個廚師，理所當然的會對各種食材充滿著許多的喜愛，況且豬肉就是滋味豐富的食材，要是說牠能夠從頭吃到尾、由外吃到內，一點也不誇張。而且，我想沒有一個廚師會不喜歡豬的吧？豬在我的印象裡就是代表了美味、歡樂、開心！

臺灣民眾對豬肉的喜愛有目共睹，而我在廚房內也的確最常接觸到豬肉料理。但隨著經濟成長，豬身上的某些部位，人們已經漸漸越來越少食用，或許是因為不知怎麼烹煮，或不知道如何食用，但相對的，也少了食的樂趣。不了解正確的烹調法，常會讓我們對於食材本身產生誤解，比如拿小里肌肉做長時間的滷煮，可能使你覺得柴澀難以下嚥；若用豬腱來做快炒，就會如同咬橡膠一般讓你牙崩…，這些其實都是沒有掌握到合適的烹調方式而導致。

除了掌握烹調法，食材的選購來源也相當重要，在我的觀念裡，要成就一道好的料理，首先就是要選擇到最好、最新鮮也最安全的材料。臺灣的養豬產業曾經歷了一場極為艱困的低潮期，而口蹄疫事件也曾造成消費者選購豬肉的不安和疑慮，因此我決定還是親身到產地，拜訪養豬場和飼育者，向他們請教對於市面上越來越多所謂「品牌豬」以及不同豬的品種、飼養環境、飼料使用，以及目前國內對於推動產品履歷…等等的看法。這樣的參訪和交流，對於廚師來說，是非常好的機會，同時也有很大的收穫，希望能分享給消費者，讓大家在日常選購食材時有些參考。其實，消費者對於物產的影響力是最大的，眾人的購買喜好常常影響著生產者導向。

「人如其食」，希望大家對於我們平時所吃的食物有更多的了解和關注，同時這本書也收錄了許多豬肉烹調上的技巧，並運用我們身邊容易取得的材料來做各種有趣和變化的豬肉料理，希望能對讀者在廚房烹調上有幫助，並祝大家能煮得開心、吃的溫馨，豬事大吉！

秀才氣質的，豬

據2011年美國農業部的調查，平均每個人吃的豬肉量，捷克名列第一，哦，意料之中，捷克到處都是烤豬餐廳，其次則是台灣和波蘭——台灣？於是我花了點時間回憶，僅回憶2012的12月，嗯嗯……在那個陰濕的月分裡，我只有五天沒吃豬肉，每周有一天我的晚飯只吃蘋果，而我又不是常吃早飯和午飯的人，也就是說，除了吃蘋果的日子之外，我天天吃豬。

不過豬肉一般上桌時都不太，不太那個，我的意思是不太文雅，不像牛排那樣武士、不如鴨子那麼宮廷、不像燉羊肉那麼學者，有時還不如炸雞那麼童趣，豬肉就是，豬肉。

大肚皮這本書將豬肉的另一種面相呈現出來，光鮮亮麗，帶著點白衣秀才的氣質，讓我忽然間有種感覺：唉，這些豬，終於死得其所了。

做菜是種興趣，大肚皮的熱情在他的手藝裡，也在書裡。十一世紀初，大詩人蘇東坡被貶到黃州（湖北），雖然仕途不順，但老蘇也頗能怡然自得，他愛上豬，並且自創一道名菜，東坡肉。這首詩裡寫下他對豬肉的熱情：

黃州好豬肉，賤價如糞土。
富者不肯吃，貧者不解煮。
慢著火，先洗鐺，少著水，柴頭竈煙焰不起。
待他自熟莫催他，火候足時他自美。
每日早來打兩碗，飽得自家君莫管。

大肚皮寫豬肉，聞得到肉香，見得著肉美，那麼，來兩斤豬里脊，配四兩紅酒，人生的幸福感是自己在廚房裡摸出來的。

感謝可愛的豬，我永遠愛你們。

朱肉料理

我每次去大肚皮的店吃東西，店門口都會有怵目驚心的「朱肉鍋」幾個字提醒我，彷彿如果我不夠認真，就會在這邊報效國家，服務人民。

跟大肚皮主廚比較熟悉的原因是我的廣播節目開始請他來現場做菜。沒錯，正常的廣播節目是不會也不能夠做菜的，錄音間連吃東西喝飲料都不行。所以我們都是趁著星期天晚上辦公室沒人的時候在飛碟電台的會議桌上做菜。也只有大肚皮這麼瘋狂的人願意跟我們在一小時之內現場做兩道菜還讓觀眾可以分著吃。

大肚皮在那個每個月一次的一小時當中，教了我們和觀眾許多事情。食用本土食材是對農民的支持，因為它的運輸里程更少，消耗的能源更少，所以也是更節能減碳的選擇。

因為商業市場的需求許多不符合規格的農產品必須被淘汰，無法上市，但不代表它們的滋味和營養價值有任何的遜色，只是不能符合市場的規格而已。

做菜和飲食都是一種感情的呈現，這不是為了單純的餵飽別人，或是餵飽自己而已；而是為了滿足自己的情感，滿足別人的情感。

朱肉本來就是一種平民美食，它比其他肉類都要便宜，都要貼近我們的生活，朱頭皮、朱耳朵、朱肝、朱舌、朱排、朱血糕、朱血、豚骨拉麵、滷肉飯、嘴邊肉、貢丸、肉鬆、肉醬，這些全都是辛苦的朱農們將小朱餵養長大，才送到我們嘴邊的。朱跟我們的幸福息息相關，即使政府、立委都背叛了我們，朱肉也不會背叛我們，你只要願意花少少的錢，朱肉就會給你繼續走下去的力量。

在這個亂世之中，你怎麼能不支持大肚皮的這本朱肉料理之書呢？

Lucifer Chu

徐仲

義大利朋友說過一句話：「餐館不是冰箱，想餵飽自己請回家找媽媽，別上餐館浪費金錢。」

這句話很嗆很辣，但我喜歡，因為我相信廚師的工作不只於提供食物，廚師應該是藝術家或是教育者，餐館應該是舞台或是教室，不論煎煮炒炸，都只是一種手法，將山裡產的海裡游的重新詮釋變化，讓消費者透過一道菜，體會到食材的美，或瞭解產出食材的風與土，感受經手耕種畜牧加工的人文，最後知道「吃」這件事情，可以很簡單或很複雜，但絕不是僅為了飽食。

因為所以，Jason（林志豪）寫出這本豬料理書，不只以廚師的身分展現各種美味烹煮方式，而且親身拜訪豬農，親自了解這個產業遇到的狀況，然後用分切圖的方式，告訴大夥兒在廚房中，面對不同的豬肉狀況該如何處理。告訴大夥兒，在廚師的眼中，如何分析了解「豬」這款庶民食材。

徐仲

PART 1

美味豬肉
聰明選購指南。

用好食材才能做安心的美味好料理，
由主廚 Jason 帶路，
一訪豬肉的來源地、
告訴你臺灣的豬隻品種有哪些，
牠們的肉質特色又分別是什麼？
並認識豬隻的分切部位，
讓你選購豬肉及料理時更加容易。

優質臺灣豬肉品牌

在臺灣各地，有不少品質優良的好豬肉，
看得見飼育者們用心的經營，
同時也提供消費者更多的安心食材選擇。
主廚Jason南下雲林麥寮走訪，
帶你看看豬隻的養殖過程、飼育方式……等，
了解安心好豬肉是從何而來。

秉持著「以好食材用心做料理」的信念，主廚Jason時常研究各地有哪些好豬肉來源；有鑑於近年來，消費者們對於食材來源多有疑慮，身為廚房料理者的他，特別關心這一點，為尋找更有保障的好肉品，特別南下到雲林麥寮，找到了採用自然健康畜養豬隻的台全牧場。

在雲林深耕多年，貫徹「從牧場到餐桌」精神的台全牧場，從飼料廠、養豬場、分切廠都自己控管，是全台少有的牧場作業一貫化體系。如此嚴謹的養殖方式，和Jason想找好食材的心情不謀而合。由於曾在臺灣爆發過口蹄疫事件，好長一段時間，不僅讓消費者人心惶惶，也使得各個養豬場皆歷經了經營低潮期。以料理者及消費者的雙重身份來看，Jason特別希望傳達給消費者關於「食的安全」觀念，充份了解自己吃進肚子的食物，是來自於哪裡、又是如何被生產製造出來。

有了「追求並選購安心食材」的概念及需求，才能督促供給者端對食材品質的要求及用心，良性循環會讓消費者有越來越多優質的選購來源。

當然，每個養豬場的飼育方式各有獨門訣竅，而在台全牧場是實踐「產、製、銷一元化」，因此規劃出整套的飼育、分切、配送流程，為要求每個關卡都能掌握肉品狀況。以飼料來說，台全有自己的飼料廠，能從配方到品質都做控管，連飼料車都是獨立作業，避免飼料外購而引起的交叉感染。而豬場和分切廠，也都分別取得台灣珍豬優良豬廠認證及通過CAS認證。除了流程一貫化，這裡的每隻小豬出生後，都有專屬身份證，為詳細紀錄牠們生長過程，並有條碼能溯源；而且堅持養足210天，無荷爾蒙、磺胺藥劑，並絕無抗生素殘留。

不只是台全牧場，其實還有許多用心耕耘的好品牌臺灣豬肉，市面上大約有二十個多品牌可供消費者選購，每個品牌從飼養方式到肉質特色都有所不同，建議消費者可多比較、詢問不同肉品來源，並選擇產銷透明化的有保障肉品，烹調和食用時才能真正放心。

❷ 特別興建專門生產不含抗生素、磺胺劑的飼料生產線，確保飼料安全性。

❶ 台全使用的是益生菌、玄米…等調配出能提高育成率的飼料。

❻ 不管是冷藏或冷凍豬肉，皆在低溫的嚴格流程下處理。

❺ 台全的許經理帶著Jason參觀、深入了解整個養豬場狀況。

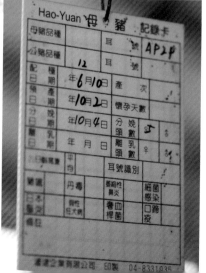

❽ 豬隻會有配種記錄卡，配種、預產、分娩時間都清楚註記。

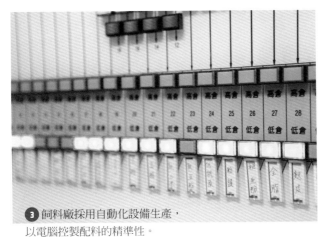

❹ 養豬場佔地廣大，同時對
於養豬環境的清潔十分要求。

❸ 飼料廠採用自動化設備生產，
以電腦控製配料的精準性。

❼ 所有進入的人員需著防塵衣
之外，由於有嚴加管理，因此現
場沒有什麼養豬場會有的異味。

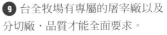

❾ 台全牧場有專屬的屠宰廠以及
分切廠，品質才能全面要求。

豬肉問與答

1 台灣豬肉有哪些？

包含白豬、黑毛豬、六白豬（盤克夏豬Berkshire，此種豬的鼻端、尾端及四肢末端均為白色，故稱六白豬）、山豬這四種。因為養殖方式及飼料使用的不同，會讓每種豬肉的口感特色不一樣。例如白豬的脂肪較多，味道鮮甜，是料理時常用的選擇；黑豬的肉質則是比較紮實，但目前在臺灣純黑豬的比例已經相當少，主要是因為養殖環境的限制而無法大量養殖，同時熟知黑豬肉烹調法的人並不多之緣故。

2 如何選購安心豬肉？

許多人會購買傳統市場的溫體豬肉，除非對於豬隻來源十分確定或特別了解，不然還是建議購買有生產履歷的分切肉品，有了生產履歷註明才能追溯養殖過程；此外，也需在中央畜產會所監督認證的CAS及HACCP控管工廠屠宰的肉品為宜。或者可參考中華民國養豬合作社聯合社所認證的國產豬源品牌，也是不錯的選擇。

認識中華民國養豬合作社聯合社

臺灣養豬統合經營中心於1998年4月間，由中華民國養豬合作社聯合社之社員、社場與臺灣省省會所屬基層農會組織成立。其宗旨為確立養豬產業團體產銷體系，建立契約產銷及統合經營制度，整合種源、飼料、畜藥、屠宰、加工及銷售體系。國產豬源認證品牌，由統合經營中心單位社員之認證豬場以契約供應方式自創國產豬肉品牌，以農場到餐桌一貫化方式經營；此外，不管是豬隻藥物檢驗或豬肉來源，皆有豬場提供證明，比較不用擔心買到來路不明的弊死豬、病死豬等等的黑心豬肉。

資料來源：台全珍豬＋官網

3 常見國產豬肉

天和海藻豬 食用天然褐藻特調飼料，肉質鮮美清淡。

自然豬 國產清淨自然豬，強調飼料使用無污染，肉質Q彈。

台糖安心豚 老字號台糖公司畜殖事業，堅持企業化方式飼養。

花蓮網室健康豬肉 以網室豬舍飼養，無藥物殘留的健康豬肉。

香草豬 食用多種香草及中藥草，肉質香Q無腥味。

滿漢責任生鮮豬肉 是全國第一家每包均有來源身份編號的生鮮豬肉。

上荷豬 來自臺南白河養豬生產合作社，肉質鮮美好味。

信功大麥豬 食用穀物飼料及大麥，讓豬隻油花豐厚、肉質潤澤。

四合豬 來自雲林四湖鄉養豬生產合作社，肉質滑嫩有彈性。

六堆黑毛豬 豬肉風味與白豬不太相同，豬種抵抗力強、肉質熟成度高。

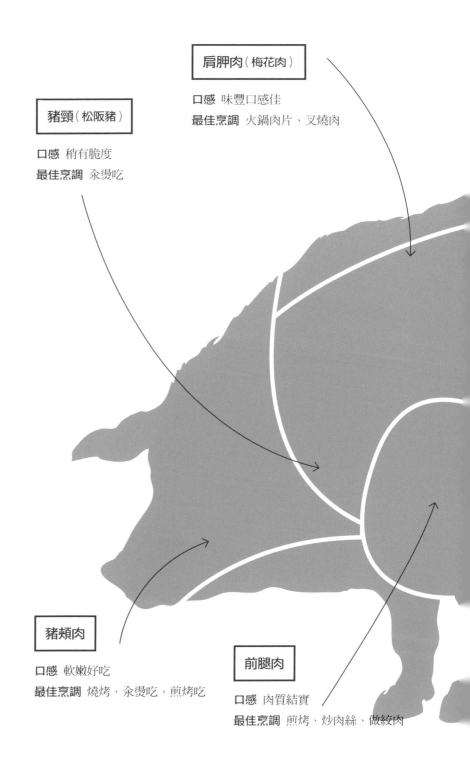

2

主廚帶你看

豬肉各部位美味圖解

肩胛肉（梅花肉）

口感 味豐口感佳
最佳烹調 火鍋肉片、叉燒肉

豬頸（松阪豬）

口感 稍有脆度
最佳烹調 汆燙吃

豬頰肉

口感 軟嫩好吃
最佳烹調 燒烤、汆燙吃、煎烤吃

前腿肉

口感 肉質結實
最佳烹調 煎烤、炒肉絲、做絞肉

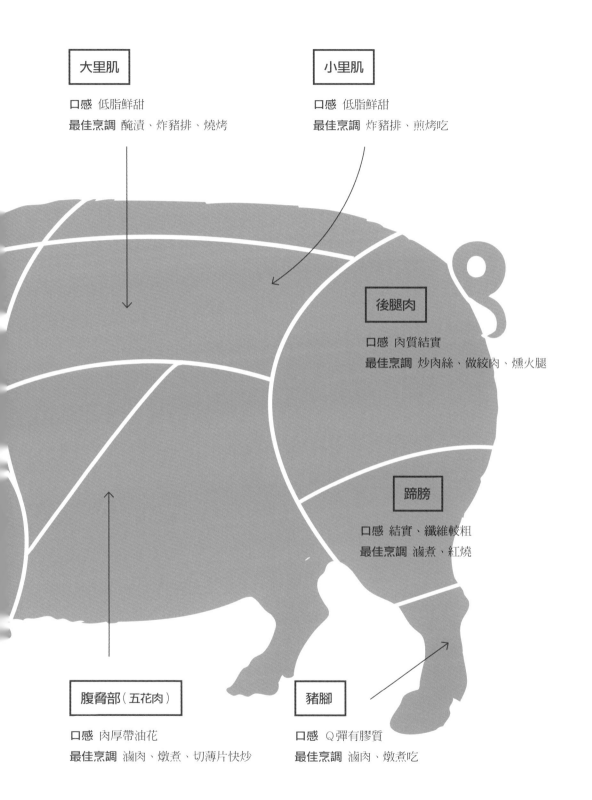

大里肌

口感 低脂鮮甜
最佳烹調 醃漬、炸豬排、燒烤

小里肌

口感 低脂鮮甜
最佳烹調 炸豬排、煎烤吃

後腿肉

口感 肉質結實
最佳烹調 炒肉絲、做絞肉、燻火腿

蹄膀

口感 結實、纖維較粗
最佳烹調 滷煮、紅燒

腹脅部（五花肉）

口感 肉厚帶油花
最佳烹調 滷肉、燉煮、切薄片快炒

豬腳

口感 Q彈有膠質
最佳烹調 滷肉、燉煮吃

PART 2

從頭吃到尾的
豬料理。

豬肉，是從頭到尾任一部位都能使用、
無一浪費之處的人氣食材，
主廚嚴選 50 道絕對美味的吃法，
並帶你認識、烹調豬肉各個部位，
從前置處理到下鍋烹調，
一次公開簡單易學的料理訣竅，
在家也能變化出滋味清爽或
醇厚噴香的多樣菜色。

豬里肌

PORK LOIN & PORK FILLET

取自豬隻腰脊部位，
迷人咬勁與細嫩多汁兩種口感一次雙享

里肌肉有分大里肌與小里肌。大里肌帶骨，口感上屬於有咬勁的，肉塊完整，一大塊特別適合做成豬排，滿常見於被用來製作成中式排骨這類菜色。大里肌算是豬肉中很好的部份，口感比小里肌稍硬一點，其油脂偏少，沒有什麼結締組織。

而小里肌是豬隻身上運動最少的部份，無多餘油脂，口感和肉質都最細，是全豬部位中的精肉之處，即豬菲力。其口感特色是肉味比較淡一些，無骨且不帶筋，脂肪含量低，靠近肋排的里肌尖端是特別嫩的部份，又可稱腰內肉。常被用來製作成日式的炸豬排或西式料理中的煎豬排……等等，也可以填入料捲起或包起，讓肉汁表現得更明顯。不管是大里肌或小里肌，兩者皆不適合長時間烹調，以免口感變柴、流失肉汁，烹調時需特別留意。

豬肉問與答

 買回來的里肌肉如何處理？

❶ 將豬里肌四周的油脂，或多餘的部份稍微修整乾淨。

❷ 里肌表面的筋膜可以適時地剔除掉，能讓口感更好。

 里肌肉該怎麼烹調最好吃？

大里肌或小里肌都適合煎、烤……等快速烹調的方式，整塊烤會更夠味，兩者都需避免長時間燉煮而讓里肌肉變柴，確實維持短時間烹調才能鎖住肉汁。烹調後，建議儘快食用完畢，才能完全享受到里肌肉多汁又鮮嫩的特有口感。

 炸肉時，能保持里肌肉汁和口感的小撇步？

烹調里肌肉片前，可先沾薄薄一層太白粉或地瓜粉，麵糊亦可，幫助抓住肉汁。此外，還可利用麵糊替肉增加不同風味，例如將啤酒或檸檬皮加入麵糊，都能增加肉片香氣。

讓豬里肌提升美味的醃製法？

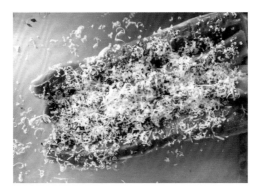

❶ 烹調前，先加點香草、香料於里肌的內、外，讓味道能更吃進肉裡，能去腥同時增加香氣；烹調前先將表面香料撥除、避免煎烤時焦掉。

❷ 接著用保鮮膜將整條豬里肌包覆起來。

❸ 包好後，將保鮮膜兩側收邊，醃製半小時使其入味。

❹ 切塊的豬里肌或單次烹調剩下的部份皆可以此方法保存。

❺ 最後一樣用保鮮膜將豬里肌捲緊包好，最後收邊。

當餐沒食用完的里肌肉，隔餐可以如何變化烹調？

建議可以改變烹煮型態，讓豬里肌肉的口感變好，像是將吃不完的熟里肌肉切薄片，再加到沙拉裡，並搭配帶點油份且豐潤的醬汁，例如油醋或美乃滋，可以增加口感滑順度。

 適合碳烤或烘烤烹調的豬肉部位？

里肌肉或梅花肉都是不錯的選擇，都是一般碳烤常會用到的豬肉部位。里肌肉能嚐到鮮嫩口感又帶有甜美肉汁，適合以醃料來增添風味或佐醬吃；而梅花肉口感則和里肌肉滿不同的，它是稍微帶筋的部位，因此嚐起來會有些脆度，除了碳烤也常被用來當作火鍋肉片。

 什麼方法能讓里肌肉變得更軟嫩？

可以使用水果酵素，或者是木瓜皮、鳳梨心（肉或汁皆可，果汁的效果會更好，能讓滋味確實滲入）。和肉一同醃製半小時，但不宜過久；醃製後，需將果皮拿掉，以免肉片組織被酵素過度破壞。

 如何製作好吃的里肌肉排？

❶ 首先用刀鋒將切片的里肌肉邊緣斷筋。

❷ 稍微斷筋的動作，是避免肉片烹調時收縮，而使形狀不好看。

❸ 接著用肉錘或玻璃瓶拍打，能讓肉質軟嫩，並且輔助肉片整形。

烤小里肌佐紅酒洋蔥醬

PART
小里肌

●●●●
煎烤

細心烘烤後，小里肌的切面會呈現微微粉紅色，
淋上帶有紅酒香氣的醬汁，口感鮮嫩多汁、令人回味無窮。

| 材料 | 兩人份 |

豬小里肌……500g
洋蔥……50g
蒜頭……2瓣
鹽……3g
胡椒……3g
橄欖油……30g
醬油……3大匙
白酒……50ml
紅酒……80ml

作法

1　用鹽、胡椒跟白酒醃漬小里肌，順便
　　抓一下使其更入味。

2　小里肌先稍微煎過上色，並把烤箱預
　　熱至180度，將醃漬好的小里肌肉放
　　入烤箱烤20分鐘。

3　用食物調理機把切塊蒜頭、洋蔥與紅
　　酒一同打成泥狀。

4　備一鍋子，以中小火炒洋蔥，待洋蔥
　　變透明後，再加入醬油煮、稍滾一
　　下，讓醬料成為濃稠狀，搭配小里肌
　　食用。

CHEF SAYS

烹調前，讓原本放在冰箱醃漬備用的
小里肌先回溫一下。洋蔥入鍋時，記
得要不時地攪拌，以免燒焦。

黑橄欖豬肉捲

將黑橄欖果實滋味包入肉捲裡，讓肉汁呈現地中海風味，
黑橄欖也能換成柿乾，會有不同的效果哦。

材料 一人份

豬里肌……300g
黑橄欖……100g
白胡椒粉……1小匙
紅椒粉……1小匙
黑胡椒粒……5粒
太白粉……1小匙
鹽巴……1小匙
米酒……1小匙

作法

1　豬里肌切片，用肉錘拍過、斷筋，加白胡椒粉、紅椒粉、黑胡椒粒、鹽巴、米酒醃五分鐘。

2　用食物調理機將黑橄欖絞碎，或直接切碎黑橄欖。

3　將黑橄欖碎平鋪在里肌肉片上，輕輕的包捲起來，用牙籤或棉繩固定。

4　熱鍋並加入少許油，豬肉捲放入鍋中煎至表皮上色，再入烤箱烤至全熟後，取出切片、擺盤即完成。

CHEF SAYS

里肌肉捲從烤箱拿出來後，先靜置5分鐘，稍涼一點點再切片，可避免肉汁流失。

炸起司豬排佐第戎醬

切開酥脆金黃的豬排，內含熱騰騰起司的濃郁好味道，
佐以清爽的檸檬和能刺激味覺的芥末醬一同享用。

| 材料 | 一人份 |

大里肌……300g
火腿……2片
起司……50g
麵粉……50g
蛋……1顆
檸檬……1顆
麵包粉……100g
白酒……10ml
Dejon mustard 芥末醬……適量

作法

1　將大里肌切成兩公分厚的蝴蝶片，以肉錘拍平，成為15cmx15cm的大肉片。

2　將火腿跟起司放在肉片中包起，並以肉錘拍緊肉片四周，以防止起司外流。

3　將包好的豬排沾附麵粉、蛋液、麵包粉，沾粉的每個步驟需仔細壓緊，避免粉料脫落。

4　以180度油鍋油炸肉片至表面金黃後，取出以預熱160度的烤箱烤4分鐘，食用時佐以檸檬泥與芥茉醬。

CHEF SAYS

油炸時，切記依據鍋子大小及油的量來衡量一次需炸多少片肉，一次放入過多肉片，會使油鍋溫度瞬間下降太多，而導致肉片吸油。

蘋果葡萄乾烤豬肉

這道菜使用豬隻的小里脊部位，蘋果加上葡萄乾的香甜微酸滋味，
與鮮嫩的豬里肌是絕妙搭配。

材料 | 六人份

小里肌……1.5kg
青蘋果……2 大顆
洋蔥……1 小顆
西芹梗……2 支
大蒜……1 瓣

軟麵包屑……170g
無籽白葡萄乾……85g
奶油……6 大匙
橄欖油……3 大匙

作法

1　先製作餡料，將3大匙奶油放中型平底鍋中加熱溶化，再加進已去皮去核後切成一公分大小的蘋果，煎炒8至10分鐘，直到蘋果變軟，倒入大碗中備用。

2　將剩餘奶油加入鍋中，加入切塊洋蔥、西芹與大蒜，翻炒5分鐘至軟化。

3　將鍋中材料倒進放有蘋果的碗裡，加入麵包屑、葡萄乾充分混合，加鹽調味，完成後放一旁備用，並將烤箱預熱至190度。

4　將里肌肉沿長向切開，直到將近對半但不切斷。將肉攤開平放，把餡料填到肉塊中並壓進切痕

裡，捲成緊實肉捲，若有餡料被擠壓出來，就一邊捲、一邊將餡料塞回去，再用事前準備好的棉繩將肉捲固定。

5　取一個大的平底鍋，熱油後放入豬肉捲，煎的時候需快速翻動直到每面都呈現金黃色。

6　肉捲放烤盤上，進烤箱烤約50分鐘直到豬肉全熟取出，靜置15分鐘後再切。

CHEF SAYS

為防止肉捲表面烤焦，進烤箱之前先覆蓋鋁箔紙，至完成前五分鐘再取下，利用剩下的時間讓表面烤至上色即可。

紅咖哩豬肉燉飯

PART
小里肌

● ● ● ●
燉煮

利用紅咖哩、香茅製作香氣四溢的豬肉燉飯，
小里肌的肉汁全被吸收進每一粒義大利米裡頭，加入椰奶讓口感更溫潤。

材料　一人份

小里肌……250g
蕃茄碎……50g
洋蔥丁……40g
義大利米……100g
巴西里……適量
紅咖哩……10g
橄欖油……30ml
高湯……500ml
椰奶……100ml

作法

1　備一鍋子，倒入橄欖油炒香紅咖哩，再放香茅及洋蔥丁，一同炒至金黃上色，之後加高湯以小火慢煮。

2　用另一鍋子煎小里肌肉，將表面煎上色後取出，切薄片備用。再用同一個鍋子炒義大利米，放入作法1的醬汁，煮到米粒約8分熟後，拌入里肌肉片與椰奶即完成。

CHEF SAYS　以橄欖油炒紅咖哩時，需待咖哩香味完全出來之後，才加入其他食材拌炒；椰奶可以用鮮奶油或牛奶來取代。

丁骨豬肉佐香料鹽

製作步驟簡單，但卻能充份帶出丁骨豬肉好風味的一道菜，
撒一點自製的香料鹽更能帶出肉的鮮甜。

| 材料 | 一人份 |

丁骨豬排……220g
白胡椒粉……適量
奶油……20ml
鹽……適量
白酒……20ml

| 香料鹽 |

食鹽……200g
糖……20g
檸檬皮……1顆
柳橙皮……1顆

| 作法 |

1　先製作香料鹽，將食鹽、糖及檸檬皮、柳橙皮屑攪拌均勻，並用食物調理機打碎即可。

2　將丁骨豬排用鹽、胡椒、白酒醃漬之後備用。

3　備一炒鍋放入奶油，用大火煎至丁骨豬排表皮金黃上色。

4　放入烤箱，以180度烤8分鐘即可，食用時附上香料鹽。

CHEF SAYS

香料鹽的素材，也可用其他食材替代，例如迷迭香、百里香，甚至辣椒或蒜頭都可以。使用檸檬皮做香料鹽時，記得避開使用檸檬皮下的白色部份，以免香料鹽變苦。

肉厚帶油花

腹脅部

SIDE

豬隻背脊部下方的肚腩部位，
油脂豐厚溫潤好滋味

腹脅部指的是豬隻背脊部下方，包含五花肉、腩排、
小排、肋軟骨⋯等。其中，油脂豐厚的五花肉是許多
人選擇烹調的肉塊部位，又稱三層肉，肥瘦相間且紅
白分明。一塊完整的豬五花，能品嘗到多樣風味，遇
熱會稍融的肥肉部分、保有咬勁的瘦肉纖維，都各有
愛好者。質地好的豬五花，就算只有單純汆熟，即可
嘗到鮮甜滋味，而帶皮部分還能品嘗彈牙嚼感。

在肉攤上購買時，可依烹調需求選擇肥瘦比例，想紅
燒或滷煮，可選擇油脂豐富的，口感肥腴溫潤、風味
足；若是要快炒或清燙後白切沾醬，亦可以選擇肥瘦
比例兩均的。而腩排則是豬腹腔靠近肚腩部分，即腹
脅排，是連骨帶肉的肋骨。腩排的肉層較厚、脂肪含
量也高一些，內含白色軟骨。此部位的肉適合用來紅
燒、滷煮、燒烤，甚至燉湯也相當美味。

豬肉問與答

 腹脅部位如何修整處理？

❶ 先剔除整塊肉表面多餘的白色油脂部份。

❷ 以逆紋方式，將此部份切塊或切片即可。

 烹調五花肉時的小訣竅？

五花肉的肉質比較偏硬一些又帶油脂，適合長時間燉煮，建議可以切大塊一點，滷的時候就能維持住形狀、避免碎掉。若是要短時間烹調，不妨切薄片或小塊，以防止烹調後口感過柴。

3 肥瘦比例不同的五花肉，各適合哪種烹調方式？

帶肥比較多的五花肉，適合拿來滷，但建議烹
煮前先油炸以逼出油脂；肥肉比較少的五花肉，
則適合炒或烤的烹調方式。

4 五花肉只能順紋切？

❶ 一般採逆紋切，才能同時嘗到
肥、瘦且帶皮的完整口感；但有時
為求烹調成品的形狀完整好看，可
順紋切。

❷ 順紋切之後，需要適時地仔細將
較肥的邊緣修掉。

5 豬五花的去腥汆燙怎麼做？

❶ 將豬五花稍做清洗後，用刀子刮除皮表的雜質髒點。**❷** 切塊後的豬五花置入滾水鍋中汆燙，可加蔥、薑、米酒去腥。**❸** 汆燙後會稍微緊縮、體積變小，因此汆燙時間不宜過久，待肉的表面變白即可。

 6 滷製豬五花時有什麼訣竅？

建議用快鍋，讓時間縮短並快速達到軟爛效果。若希望風味更足，則可用老滷汁使味道更濃郁豐厚（但如果滷汁內有加豆腐、豆乾的話就不適宜，醬汁易有變質之疑慮）。

豬軟骨怎麼做處理？

依據軟骨的厚薄不同，有不同的烹調方式，比較厚的軟骨要烹煮久一點，才有Q軟的口感效果；喉頭部份的豬軟骨，則可以切薄片，享受爽脆口感。

烹調時可以加什麼讓豬五花有不同風味變化？

烹調時可以加入啤酒、咖啡以增加香氣，或者是可樂也可以，這幾樣皆能增加肉的香氣，並且讓滷汁色澤更漂亮。

吃不完的五花肉塊或肉片如何應用？

有時當餐沒吃完的熟五花肉，其實可以切成片做不同菜色變化，例如做成蒜泥白肉、變成酸白鍋，或者炒成回鍋肉…等，不浪費食材又能為下一餐增添菜色。

沒烹調完的五花肉如何保存？

沒烹調完的生五花肉，請先約略分好份量後再放冷凍庫；若兩三天內會烹調完畢的話，就放冷藏。或者也可以用鹽、胡椒、香料將五花肉先醃製再冷藏，就能延長保存時間。

12 烹調五花肉前的處理法？

煎定型 ❶先用紙巾將豬五花表面的水分拭乾。❷倒適量的油於鍋內加熱，再放入豬五花。❸煎豬五花時，肥肉的油脂會稍微被帶出。❹記得讓肉塊的每一面都確實均勻上色才起鍋。

炸定型 ❶備一熱油鍋，溫度於180~200度左右，將豬五花下鍋油炸定型（油炸前，先擦乾水分以免油爆）。❷油炸到表皮有酥脆感，就可起鍋；此步驟幫助去油同時讓表皮有蓬鬆感，之後進行滷製時，就能讓肉更入味。❸如果希望肉塊形狀更完整，可用棉繩先綁好固定再下鍋炸。

黑胡椒二層肉

混用黑胡椒及粗粒黑胡椒,沾附在頗有嚼勁的二層肉上,
能品嘗到有層次的胡椒香和豬肉原味。

材料 一人份

二層肉⋯⋯200g
蒜頭⋯⋯兩瓣
黑胡椒⋯⋯適量
粗粒黑胡椒⋯⋯少許
薑⋯⋯適量
醬油⋯⋯1大匙
米酒⋯⋯2大匙

作法

1 蒜、薑切成細末備用;用醬油和米酒
  醃漬二層肉,並加入切好的蒜末、薑
  末,按摩使其入味。

2 在二層肉上均勻撒上黑胡椒與粗粒黑
  胡椒,放冰箱醃漬約半天。

3 備一平底鍋,將二層肉煎至兩面焦香
  即可食用。

二層肉屬於比較有咬勁的部位,食用
時,建議切成薄片,能讓口感更好。

西班牙豬肉燉鍋

以各種豬肉部位一起燉煮出醇厚風味，建議可將浸泡豆子的水留下，
加入燉鍋中，讓成品帶有白豆香氣。

| 材料 | 四人份 |

五花肉……150g
豬腳……200g
肝連……200g
豬頭皮……150g
豬尾巴……150g
西班牙辣香腸……100g
乾白豆……100g
紅蘿蔔……50g
洋蔥……100g
西芹……50g
蒜苗……50g
蔥……20g
白酒……300ml
高湯……2000ml

| 作法 |

1　先將乾白豆泡水一夜備用。

2　準備一滾水鍋，氽燙豬腳、肝連、豬頭皮、豬五花、豬尾巴後，備用。

3　用橄欖油先炒香洋蔥碎，加入紅蘿蔔碎、西芹碎、蒜苗碎、蔥碎一起炒到蔬菜變得香軟。

4　接著加入白豆、豬腳、肝連、豬頭皮、豬五花、豬尾，略微拌炒後倒入白酒，並加入高湯燉煮豬肉至喜好的軟硬度，再以鹽、胡椒調味。

CHEF SAYS

浸泡乾白豆時，記得放進冰箱，以防豆子變質。事前浸泡豆子能幫助煮出來的效果更好，泡豆子的水可加進湯中一起燉煮，讓風味更豐厚。

燉煮豬軟骨

以月桂葉、八角、桂皮煮成香料水,增添迷人香氣、超級開胃,
豬軟骨脆脆的口感讓人一吃上癮。

| 材料 | 兩人份 |

豬軟骨……500g
桂皮……1片
月桂葉……半片
八角……1顆
蒜頭……1大瓣
水……2000ml
醬油……40g
砂糖……5g
白胡椒粉……適量
米酒……半碗

作法

1 汆燙豬軟骨去血水,煮滾後再用冷水
   沖洗。
2 另起一鍋水,加入桂皮、月桂葉、八
   角,煮滾備用成香料水。
3 用少許橄欖油爆香蒜頭,接著加砂糖
   炒約1分鐘,再放醬油、米酒、胡椒
   粉,然後加入煮滾的香料水中。
4 將汆燙好的豬軟骨放到步驟3的滷汁
   中,蓋上鍋蓋燜煮約1小時半;過程
   中若看到有油脂與雜質浮起時,記得
   撈除。

CHEF SAYS

步驟4煮滾後的豬軟骨可以連同滷
汁,改放到燜燒鍋中,讓燜煮過程更
方便。

德國鹹菜燉豬五花

口感比較濃郁的豬五花部位，以爽口的調味方式來煮，
再佐以大量蔬菜讓口味和視覺都豐富起來，最後再加點法式芥末醬更美味。

| 材料 | 一人份 |

豬五花……200g
培根……100g
德國香腸……2 支
紅蘿蔔……1 條
洋蔥……1 顆
高麗菜……300g
蘋果……1 顆
馬鈴薯……1 顆
橄欖油……30g
白酒……50cc
白酒醋……100ml
高湯……1000ml
鹽……3g
胡椒……3g
巴西利……3g
法式芥末醬…… 50g

| 作法 |

1 用鹽、胡椒跟白酒醃漬豬五花，順便抓一下，使肉更入味一點。

2 倒一點橄欖油入鍋，用小火慢慢把五花肉煎至表面金黃帶一點點焦香，取出備用。

3 在剛才的鍋中放入培根爆香，再加高麗菜絲、洋蔥絲、蘋果絲、白酒、香腸、馬鈴薯、紅蘿蔔、白酒醋、高湯跟煎好的五花肉。

4 開大火煮滾後再轉小火慢煮，大約1小時後調味一下，並撒上巴西利碎再煮一下即可。

CHEF SAYS

全部煮好、上菜之前，可再加入喜愛的當季蔬菜，例如四季豆、碗豆、花椰菜，以增加豐富度。如果比較不吃酸的人，可以調整白酒醋的量或是不加亦可。

腩排燉馬鈴薯

燉煮至鬆軟綿密的馬鈴薯，配搭稍有嚼勁的帶骨腩排一起吃，
濃厚醇香的醬汁也很適合澆在飯上品嘗。

| 材料 | 兩人份 |

豬腩排……500g
馬鈴薯……300g
紅蘿蔔……100g
洋蔥絲……100g
薑絲……10g
蔥絲……10g
香菜……10g
醬油……50ml
冰糖……30g
高湯……1000ml
味醂……100ml
橄欖油……10ml

作法

1 取一鍋子，倒入橄欖油，將切成大丁的豬腩排煎至表面上色。

2 加入薑絲、紅蘿蔔、洋蔥絲、醬油、冰糖、高湯、味醂，以中火煮30分鐘，肉丁軟爛後再放入馬鈴薯丁燉20分鐘，最後以香菜、薑絲、蔥絲裝飾即可。

CHEF SAYS

馬鈴薯可以事先炸過，以幫助定型、避免碎裂；燉煮所有材料時，大火滾了之後記得轉小火再繼續燉煮。

咖哩與辣椒燉豬小排

這是一道簡單又可口的咖哩小排，咖哩和辣椒能微微刺激你的味蕾，
在胃口比較不好的時候，很能提昇食慾。

材料　兩人份

豬小排……600g
蜂蜜……2大匙
五香粉……1小匙
大蒜……兩瓣
米酒……3大匙
咖哩粉……3大匙
新鮮紅辣椒……2根

作法

1　用清水沖淨豬小排，以紙巾吸乾表面
　　水分，置於大碗中。

2　另取一碗，放入蜂蜜、五香粉、大蒜
　　碎、米酒、辣椒碎、咖哩粉充分混
　　合，將此醬料均勻地淋在小排上，靜
　　置醃個4小時。

3　用炭烤方式，將醃好的小排邊烤邊翻
　　面，並時時塗上醬料。用預熱至180
　　度的烤箱烘烤，或用桌上型烤架以中
　　火燒烤亦可，記得反覆刷上醬料。

CHEF SAYS

豬小排會比較厚，可以先蒸全熟後，
再反覆刷料在肉的表面烘烤，避免肉
的表面已焦、但中間未熟的情況。

肩胛肉

BOSTON SHOULLDER

取自豬隻背脊前方到肩胛骨處，帶油帶筋味道豐富

豬隻背脊前方到肩胛骨處的肉，即肩胛肉，分爲上肩胛及下肩胛，屬於豬隻身上運動量比較大的部位。一隻豬有兩塊肩胛肉，合計大約三公斤左右，其肉味比較豐富，帶筋又有油脂，是能夠做多種烹調變化、口感又佳的一個部位。

肩胛部位的肉質稍微瘦一點，有濃郁迷人的肉香，適合烘烤、燒烤，或是以濕式煮法做長時間的烹調。一般常聽到的「梅花豬」則是位於肩骨上的肉，爲肩胛肉的一部分，肉質特色是油脂分佈均勻且適中，常被用作燒烤或火鍋使用的肉片，或者做成叉燒肉也很棒。

豬肉問與答

 肩胛肉的前處理方式？

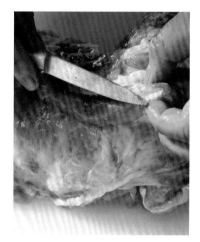

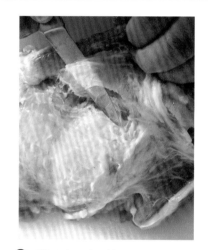

❶ 用小刀將結締組織的部份切除乾淨。　　❷ 肩胛肉表面會有筋膜，也稍做剔除。

 讓肩胛肉在烹調時形狀能更漂亮的方法？

烹調之前，建議可用棉繩將整塊肩胛肉
綁起，輔助肉塊下鍋時能夠定型。

肩胛肉適合什麼樣的烹調？

肩胛肉適合長時間的烹調法，例如燜煮、烘烤…等。但也適合切成薄片白涮，或者用來做絞肉製品，因為肩胛肉帶油和筋，絞碎後變化成香腸、漢堡肉排、肉丸…之類的都很不錯。

用肩胛肉做料理時應注意？

用大塊肩胛肉做料理時，記得烹調後、食用前再切薄片，才能保有豐富肉汁。如果覺得大塊肉的烹調時間難掌握，也可切成薄片再下鍋料理，方便控制熟度，並記得要不時澆淋鍋中肉汁於肉上，讓肉不會過乾。

醃漬肩胛肉時可以怎麼做？

可以使用白酒、米酒…等，或是所喜愛的料理酒，再加香料、香草於肩胛肉的表面，一同做醃漬，不僅能幫助去腥、更可以增添香氣。

如何料理整塊肩胛肉不會柴而能帶汁？

烹調肩胛肉時，首先記得不要讓肉過熟是最大重點，烹調後記得靜置十分鐘，讓肉汁回滲（若採水煮方式，也需靜置、回溫一下）。可以在肩胛肉塊外面包培根肉或墊蔬菜，像洋蔥、西洋芹、胡蘿蔔…都可。

超市買的整盒梅花肉片，如果沒烹調完要如何保存？

整盒的梅花肉片若沒料理完，建議放夾鏈袋或塑膠袋裡，並放保鮮盒密封，避免血水交叉污染。如果想放比較多天才烹調，需放冷凍保存；若是隔兩天就會煮完，則放冷藏。

 冷凍肉的正確退冰方式？

想烹調放冷凍的肉片或肉塊時，記得要煮的前一天先放冷藏室退冰，使其能在低溫下退冰，不要連包裝一同沖水或者直接放在室溫下退冰，這兩者都是比較不適宜的方式。

 用肩胛肉做美味肉排的秘訣？

下鍋烹調時，先用肉錘把肉拍鬆，並用斷筋器斷筋，接著煎過上色，之後再放烤箱烤。除了擺香料或香草於肉排上能豐富香氣之外，煎烤時，不妨試著放一小塊奶油於肉排表面，肉排味道就會更濃一點。

 肩胛肉能變化做哪些料理？

一般常拿肩胛肉來清燙，像是火鍋肉片，或以烘烤、煎烤方式也很好吃。還可以拿來做成叉燒，一整塊燒烤也是不錯選擇；在國外，甚至還有人用肩胛肉來做火腿。

香料肉醬抹麵包

以梅花肉及香料來製作美味肉醬,帶有月桂葉及荳蔻的香氣,
做一罐直接放冰箱保存,抹麵包或蘇打餅都好吃。

| 材料 | 八人份 |

梅花肉……1kg
荳蔻……5g
洋蔥丁……20g
大蒜碎……10g
月桂葉……2片
丁香……1支
鹽……7g
糖……10g
奶油……100g
高湯……1000ml

| 作法 |

1　梅花肉切大丁,與荳蔻、丁香、月桂葉、鹽、糖醃漬一天。

2　取一個大鍋先炒香洋蔥丁、大蒜碎,再放入醃好的豬肉,待豬肉表面煎到有點焦黃後倒入高湯,慢煮2小時。

3　取出肉丁與洋蔥,加入奶油,用食物調理機打成泥狀並放冷即可,佐以任何麵包都很適合。

CHEF SAYS

選用密閉性較好的容器來保存肉醬;食用時,切記每次都要用乾淨的餐具挖取,以防肉醬變質。

涼拌酸甜醬豬肉片

十分適合炎熱夏天的涼菜，或當作開胃小菜來食用，
澆淋上酸甜醬汁，為肩胛肉特有的口感味道更加分。

材料	一人份

肩胛肉片……300g

香菜……30g

青蔥……30g

辣椒……10g

小黃瓜……100g

洋蔥……50g

黑醋……10g

醬油膏……30g

香油……10g

糖……10g

鹽……5g

高湯……1000ml

作法

1　小黃瓜切成條狀，跟切絲的洋蔥一起抓鹽，再放到冰箱備用。

2　將香菜、青蔥、辣椒切細，拌入黑醋、醬油膏、糖、香油、高湯50ml備用。

3　以滾熱高湯汆燙肉片，再拌入作法2的醬汁，放到作法1已入味的洋蔥、小黃瓜上即可。

CHEF SAYS
記得食用前才拌入醬汁，以免鹽份讓蔬菜脫水，會使得食用時的口感效果變差。

蕃茄辣醬豬梅花細扁麵

Q彈扁麵及梅花肉片的絕妙組合，每一口都沾裹了濃郁蕃茄醬汁，
品嚐時還能嗅到起司的誘人香氣。

| 材料 | 一人份 |

梅花豬肉片……100g
黑橄欖片……20g
煮熟的細扁麵……200g
酸豆……10g
鯷魚碎……5g
大蒜碎……30g
乾辣椒片……5g
九層塔……10g
蕃茄醬汁……200g
橄欖油……30cc
黑胡椒粉……2g
高湯……500ml
起司粉……20g

| 作法 |

1　先用橄欖油爆香大蒜碎、黑胡椒、鯷魚碎、酸豆、黑橄欖片、乾辣椒。

2　加入白酒，待燒去白酒的酸味後，再倒入高湯跟蕃茄汁。

3　開大火，等醬汁滾了之後，加入預煮好的細扁麵跟梅花豬肉片吸收醬汁，大約2至3分鐘。待肉片剛好熟了，最後拌入起司粉跟九層塔即可。

CHEF SAYS

爆香時，用中小火慢慢爆，讓大蒜和鯷魚的香味完全出來。起鍋前才加起士粉，以免起司粉變濕，而讓視覺效果和口感變差。

燉煮梅花豬佐蜂蜜肉汁

以豐富蔬菜配料來燉煮鮮嫩脆口的梅花豬，風味特別醇厚、香氣十足；
烹調前，可用棉繩將肉固定綁好，以方便燉煮。

材料	四人份

梅花豬肉……1kg
紅蘿蔔……100g
洋蔥……200g
西芹……100g
蒜苗……50g
迷迭香……5g
百里香……5g
月桂葉……1片
洋蔥丁……50g
西洋芹丁……50g
紅蘿蔔丁……50g
高湯……2000ml
蜂蜜……100ml
紅酒……100ml

作法

1 將梅花豬肉與除了高湯以外的所有材料拌勻，醃漬一天備用。

2 取一鍋子放入梅花肉，將表面煎上色，再加入蔬菜一同炒香，最後加入醃漬好的液體慢煮一小時。

3 撈出煮好的肉，濾掉醬汁後回鍋加熱，再放入新的紅蘿蔔丁、西洋芹丁煮10分鐘；調味後，以新鮮迷迭香作爲裝飾即可。

CHEF SAYS

醃漬時，醃料要確實攪拌均勻後，再塗在豬肉表面；放入冰箱靜置時，需要加蓋，以防水分、水氣進入。

豬前腿及後腿

WHOLE SHOULDERLEG

肩胛骨至下方肩腿肉以及後腿部，肉質纖維較明顯

豬前腿，包含從豬的肩胛骨到下方肩腿肉的部份，而肩腿肉是在肩胛骨下方，包含前腿上段；靠近豬腹部鈍端的地方則是下肩肉。肩腿肉比較瘦，可以燉煮或燜煮，肉味比起其他部位來說，比較沒那麼明顯。前腿的下部，是前蹄膀，常會連皮帶骨來販售及烹調，肉質比較Q一點，需要較長時間的烹煮。

豬後腿，肉質特別結實，後蹄膀、豬腱都取自此處，此部位的肉纖維較粗，因此特別適合做燉煮類料理，例如紅燒、燉湯、燜煮⋯等。蹄膀以下的部份，還包含了豬腿、豬蹄、豬腱，皆屬於能釋放大量膠質的地方，並讓料理的味道變濃郁。豬腱則屬脂肪含量較低的部份，是運動量大的大腿部位，其肉質Q彈，外型好似橄欖、帶有肉膜包覆並且內藏軟筋，可以整隻做慢煮烹調。

豬肉問與答

1 豬腿肉適合怎樣的烹調法？

豬腿肉的口感比較偏硬，因此十分適合長時間的燉煮、燜煮。烹調時，可以連骨頭一起，會讓風味更釋放出來；此外，豬腿肉適合比較重一點的調味，或加點酸菜來煮，效果也滿不錯的。

2 烹調前，蹄膀怎麼做處理？

將蹄膀或者腿庫先清洗乾淨，若有殘留的雜毛記得拔掉，同樣可以下鍋煎上色並幫助肉塊定型。

3 烹調豬蹄之前，該如何做前處理？

先用小牙刷刷洗豬蹄，或者多汆燙幾次、燙掉雜質；再將豬蹄稍微煎過，並刮除皮表雜質或髒點。

4 如何挑選豬腿及烹調？

如果不喜歡太肥膩的口感，可選擇油脂少一點的部分，並以煎或炸的方式先逼油。豬腿很適合長時間的濕式燉煮，因為這部位含腳筋，長時間燉煮口感更好。

5 豬腱烹調前的處理怎麼做？

1 以香料先醃漬豬腱，再用廚房紙巾拭去表面水分。

2 倒油至平底鍋中加熱，油熱後再放入豬腱下鍋煎。

3 建議用有重量的鍋蓋壓住豬腱，使其充分接觸鍋面。

4 待豬腱表面都煎至均勻上色即可熄火。

 6 豬腱的去腥方法？

建議可以將豬腱與大量蔬菜一同煮，不僅能夠去腥，又能製成美味高湯。

豬腱可以做哪些美味烹調？

豬腱表面帶有規則紋路，口感紮實又帶嚼勁，很適合用來滷煮或燉煮，切成片食用，能同時享受肉帶嫩筋的雙重美味。亦可水煮或直接熬湯使用，煮出來的湯頭味道好卻不油膩。

 煮豬蹄或豬腳時更好吃的小秘訣？

可將豬蹄或豬腳炸過，再泡冰水、幫助肉質急速收縮，讓口感更Q，之後再進行燉煮。豬蹄適合長時間燉煮，可以先用醋、糖、高湯、香料煮成糖醋水，接著醃漬豬蹄，變成糖醋風味的菜色。

 如何能讓豬腳滷得更軟爛？

建議使用快鍋來輔助烹調，除了節省時間及瓦斯，也能讓軟爛的程度穩定好控制。豬腳本身的纖維就較粗一些，因此需要花長時間來燉煮，或者用小火燉煮久一點才會軟爛好吃。

 滷蹄膀時輔助肉塊定型的方法？

可以用兩根鐵叉，以X形的方式叉進肉裡，能輔助蹄膀肉塊定型，滷的時候就比較不易散掉。此外，滷的時候，要不時翻動，才能讓醬汁充分吃進去，或是在鍋中的蹄膀肉上方蓋烘焙紙，也能幫助醬汁保留於滷鍋內。

義式香料豬米飯可樂餅

大朋友小朋友都愛的一道料理，使用豬絞肉再拌入米飯，
提昇可樂餅的紮實感，如果不喜愛油炸的，也可改用烤的方式烹調。

材料 ｜ 四人份

豬絞肉……200g
煮熟的米……500g
蛋……2顆
香菇碎……50g
洋蔥碎……30g
月桂葉……1片
百里香……5g
麵包粉……100g
起司粉……20g
麵粉……100g
橄欖油 ……30ml

作法

1 先將香菇碎、洋蔥碎，月桂葉、百里香、豬絞肉全部一起炒香，之後放涼備用。

2 將米飯揉成圓餅狀，50g為一份，包入剛才炒好的絞肉約20g，揉成小小圓飯糰。

3 將飯糰依序沾上麵粉、蛋液、麵包粉，以油溫180度的油鍋油炸約1分鐘，讓表面上色即可。

CHEF SAYS

需使用放涼後的米飯來包，以免熱氣悶在裡面而變質。也可用烤的方式來做這道料理，在步驟4做好的飯糰表面上淋點油，放入200度的烤箱中烤5至8分鐘即可。

德國豬腳佐蜂蜜芥末醬

在家也能製作媲美餐廳口味的德國豬腳，
只需用香料水先燜煮入味再油炸表面至金黃酥脆，再自由配搭喜愛的時蔬。

材料　一人份

前豬腳……1支
洋蔥……1顆
培根……6片
玉米筍……少許
綠花椰菜……半顆
薑……3片
五香粉……2大匙
黑胡椒粒……2大匙
月桂葉……3片
義大利綜合香料……2大匙
米酒……1大匙
鹽……2大匙
味醂……1大匙

作法

1　先洗淨前豬腳，並剔除多餘的豬毛，
於表面抹上一層鹽巴、五香粉，醃漬
一晚。

2　以月桂葉、義大利綜合香料、味醂、
米酒製成香料水，放入燜煮豬腳約40
分鍾後放涼。

3　油炸放涼後的豬腳，將其炸至金黃
色，再進烤箱烤30至50分鍾，確定
熟透後即可起鍋。

4　洗淨蔬菜並切成適口大小，汆燙後再
用鹽、胡椒調味，即可擺盤。

CHEF SAYS

油炸豬腳時，含有水分的豬皮容易油
爆，建議用鍋蓋蓋住，避免鍋內的油
四濺。

奶油錦菇燴豬腱

採用帶有軟筋、口味極佳的豬腱來製作這道料理，
搭配營養滿點的綜合菇類，再襯上香濃滑口奶油醬汁。

材料	兩人份

豬腱……2支（約400g）

洋蔥……100g

香菇……50g

杏鮑菇……50g

金針菇……50g

秀珍菇……50g

奶油……30g

鮮奶油……500g

月桂葉……1片

百里香……2g

巴西利碎……5g

白胡椒……3g

鹽……7g

高湯……2000ml

白酒……100ml

作法

1　將所有菇類全部切成中丁備用；熱鍋，放入奶油，用中火慢慢把豬腱表面煎到焦香後，取出備用。

2　續開小火，慢慢炒香所有的菇丁、洋蔥碎，再加入白酒。

3　加入鮮奶油、百里香、月桂葉、高湯，以及煎好的豬腱，一起開小火慢煮約30分鐘。

4　煮的時候要隨時注意撈去表面浮沫，之後再以鹽、胡椒調味，最後用巴西利碎作裝飾即可。

CHEF SAYS

也可以使用豆漿取代奶油加高湯來製作這道菜，使其變成有豆香風味也非常好吃，不妨嘗試看看。

紅酒燉豬腱佐時蔬

豬腱算是臺灣料理中比較少見的豬肉部位，不妨試試看，
兼具口感及賣相，豬腱燉煮後仍Q嫩彈牙的滋味，絕對讓你印象深刻。

材料　四人份

豬腱……4支（800g）
紅蘿蔔丁……100g
白蘿蔔丁……50g
洋蔥丁……100g
西洋芹丁……30g
蒜苗丁……10g
百里香……1g
月桂葉……1片
蕃茄糊……20g
橄欖油……40g
大蒜碎……10g
巴西利碎……5g
紅酒……50ml
高湯……1000ml
褐肉汁……100ml

作法

1 先用紅酒跟鹽、胡椒、月桂葉將豬腱
醃一天備用。

2 用一熱鍋將醃好的豬腱煎至表面金黃
後取出，再用同一個鍋子，放入大蒜
碎、跟所有的蔬菜丁、香料一起用小
火炒香，加入蕃茄糊拌炒一下，炒去
酸味。

3 倒入醃肉完的紅酒、褐肉汁、高湯，
再放入煎好的豬腱，用小火慢燉約30
分鐘，燉煮期間內記得仔細撈去表面
浮沫。

4 用小刀刺看看肉有沒有透，如果已經
熟了，使用濾網將肉取出，並去除所
有的蔬菜料，留下醬汁跟豬腱慢煮，
再放入切大丁的紅、白蘿蔔跟馬鈴薯
煮熟，最後用巴西利作裝飾即可。

CHEF SAYS
下鍋前，先用廚房紙巾將豬腱表面水
分吸除；煎的時候，建議可用鍋蓋壓
住豬腱，使其充分接觸鍋面。

高麗菜肉捲佐肉汁

高麗菜捲是一道十分受歡迎的料理，除了享受脆口蔬菜與絞肉
在口中的完美結合外，蒸煮出來的肉汁更是下飯。

材料　兩人份

紅蔥頭碎……50g
豬後腿肉絞肉……400g
高麗菜葉……10片
洋蔥碎……100g
香菇碎……100g
蛋……1顆
奶油……30g
百里香……5g
鹽……7g
高湯……1000ml
白酒……100ml

作法

1　以小火煮高湯約半小時，先將高湯濃
　　縮至200ml。
2　用奶油炒香紅蔥頭碎、洋蔥碎、蕃茄
　　碎，再加入白酒跟百里香，轉小火把
　　白酒的酸味煮掉，放涼備用。
3　把作法2的蔬菜備料跟絞肉拌勻，再
　　拌入雞蛋備用。
4　用高湯將高麗菜燙熟變軟，再包入作
　　法3拌好的絞肉進去，捲起變成10公
　　分長短的菜捲。
5　將一個個菜捲放在烤皿上，澆淋上肉
　　汁，再放入電鍋或蒸籠蒸10分鐘即
　　完成。

CHEF SAYS

高麗菜可替換成白菜或菠菜來做，也
同樣好吃；除了使用電鍋或蒸籠來蒸
菜捲之外，也可使用微波爐加熱。

慢煮後腿肉附奶油白豆

帶皮的後腿肉部位深受許多人喜愛,以乾白豆及奶油來製作
好味道的白色醬汁,燉煮時再加點白酒,提昇整體香氣。

| 材料 | 一人份 |

後腿肉……250g
月桂葉……1片
奶油……30g
洋蔥……50g
白豆……150g
香菜葉……少許
白胡椒粉……適量
鹽……適量
白酒……15ml
雞高湯……360 ml
鮮奶……120 ml

作法

1　150g的乾白豆泡水,放冰箱泡一整個晚上;以鹽與胡椒醃漬豬後腿肉之後備用。

2　熱鍋後放入奶油、洋蔥切碎、月桂葉、白豆拌炒,再倒入白酒至燒乾。

3　加入雞高湯燉煮至剩下一半的份量,加入香菜葉,並以鹽與胡椒調味。

4　取另一鍋子放入奶油,煎熟醃好的豬後腿肉,並加入白酒至燒乾,最後加上奶油白豆醬汁,即可上桌。

CHEF SAYS 如果比較喜歡重口味,可將白胡椒替換成香氣更濃郁的黑胡椒。拌炒時,奶油也可替換成比較清爽的橄欖油。

白酒高湯燉豬蹄

這道簡單的越式料理層次相當豐富，不過需要費點時間細心燉煮，
膠質極為豐富的濃郁湯頭十分營養美味。

| 材料 | 兩人份 |

豬蹄……900g
高湯……12ml
洋蔥……1顆
馬鈴薯……3顆
蕃茄……2顆
香菜……適量
蔥末……適量

香料包

西芹……2根
蒜苗……3根
迷迭香……2把
大蒜……5瓣
老薑……1支
八角……2個
黑胡椒粒……1大匙

作法

1 把香料包的材料以棉布包起，用棉繩
綁緊；豬蹄清洗後汆燙，切成5公分
的塊狀，馬鈴薯也同樣燙熟後切成4
塊備用。

2 將切塊豬蹄放入大平底鍋中，注入足
以覆蓋豬蹄的水，以大火煮滾後，再
轉小火燉至2至3小時，直到豬蹄可
以骨肉分離。

3 將步驟2的水倒除，在鍋中加入高湯
（需覆蓋過豬蹄，若高湯不夠則可加點
水）；加熱至湯滾再放香料包，以小火
煮10分鐘，直到湯汁稍微濃稠狀。

4 將切片洋蔥、切塊馬鈴薯、切丁蕃茄
放入鍋中，以小火續煮5分鐘，取出
香料包，最後撒上香菜與蔥末裝飾。

CHEF SAYS 製作此道菜時，可以多放一些水，使
其變成豬肉火鍋的鍋底；或者是加入
蕃茄，做成微酸的口味也超級好吃。

蔬菜腰豆燉豬蹄

微酸蕃茄口味且完全不油膩的好味燉煮，細心將豬蹄煮得軟爛好入口，
搭配吸飽膠質湯汁的蔬菜一同享用。

材料 四人份

豬蹄……2支（約600g）
洋蔥……100g
紅蘿蔔……50g
西洋芹……50g
蒜苗……20g
腰豆……50g
蕃茄醬汁……400ml
橄欖油……30g
九層塔……10g
月桂葉……1片
百里香……2g
巴西利碎……5g
白胡椒……3g
鹽……7g
高湯……2000ml
白酒……100ml

作法

1 將所有的蔬菜切成中丁，備用；將腰豆浸在水中，放入冰箱一個晚上。

2 備一油鍋，用大火將豬蹄炸到表面金黃備用；取另一鍋子，用中小火慢慢炒香蔬菜丁、腰豆，再加入白酒。

3 接著加入蕃茄醬汁、百里香、月桂葉、炸好的豬蹄、高湯，開小火慢煮約30分鐘。

4 煮的時候要隨時注意把表面浮沫撈掉，再以鹽、胡椒調味，最後加巴西利碎、九層塔碎提味及裝飾。

CHEF SAYS

也可以改用市售罐頭的煮熟腰豆，但需等豬腳都燉到軟爛之後，才加入熟腰豆一同拌炒。

燜煮後蹄膀

燜煮至軟爛入味的後蹄膀，鹹香誘人好下飯，
是一道平日家裡就能輕鬆做的料理，或是用來宴客也很適合的美味大菜。

| 材料 | 四人份 |

蹄膀……1副（1500g）
醬油……300g
冰糖……30g
薑片……8g

| 作法 |

1　將蹄膀汆燙去血水，並用冷水沖洗乾淨；取一鍋子加水至淹過蹄膀的高度，以大火煮滾後，再轉中火慢燒至肉軟。

2　在鍋中加入醬油、冰糖、薑片，續以中火慢燒，至蹄膀裡的骨頭可以輕易拿出的程度為止。

3　將蹄膀的骨頭拿出，仍以中火慢燒，此時讓鍋蓋略開，一面燒一面收湯汁；為使蹄膀的皮油亮好看，需不時將湯汁淋在上頭使其上色。

4　當蹄膀外皮顏色已經達到漂亮的褐色之後，先將蹄膀撈出，再轉大火將湯汁收至濃稠狀，最後淋在蹄膀上，即可上桌。

CHEF SAYS

如果覺得用1副蹄膀燉煮出來的份量太多，也可以換成五花肉來滷製，改成適合小家庭食用的份量。

台東 Salimali 風味香烤豬腿肉

豬腿肉　｜　●●●●
烘烤

這是一道相當棒的香烤豬腿肉料理，口味獨特，
不妨嘗試在家做做看這道有趣的原住民風味佳餚。

| 材料 | 八人份 |

豬腿肉……3kg
蒜末……1大匙
橄欖油……3大匙
乾燥奧瑞岡葉……1小匙
蒜苗……3根
香菜……1把
紅辣椒……1根

紹興酒……250ml
馬鈴薯……3顆
洋蔥……2顆

| 肉汁醬 |

取自烤盤中的油汁……30ml
麵粉……30g
啤酒……1000ml

| 作法 |

1. 備一鍋子，倒入橄欖油中先煎香大蒜；將蒜末和油放入食物調理機中，再放奧瑞岡葉、蒜苗碎、紹興酒、香菜碎、辣椒攪打成醬汁，最後加入鹽與胡椒調味。

2. 將豬腿肉放到烤盤上，用刀在豬肉表面劃出斜格紋，將醬汁抹上豬肉表皮及切痕中，蓋起來冷藏醃漬一夜。

3. 烤箱預熱至160度，將醃好的肉進烤箱烘烤1小時。

4. 將馬鈴薯、洋蔥也放進烤盤，澆上烤盤中的油汁，再烤50分鐘，直到豬肉熟透、蔬菜香軟。

5. 將豬肉移至大盤上，表面用錫箔紙稍微覆蓋住，靜置10分鐘，加

蔬菜擺盤並保溫。

6. 製作肉汁醬，留下烤盤內約30ml的油汁，將麵粉均勻撒入烤盤，以中火加熱並持續攪拌，並一邊將黏在烤盤底部的焦痕刮散，直到醬汁順滑。

7. 慢慢加入啤酒並持續攪拌，加熱至大滾後，轉小火煮5分鐘直到醬汁稠化。最後將豬肉切片，與蔬菜及醬料一起上桌。

CHEF SAYS

豬腿肉需選一整塊有帶骨的部份；啤酒可以換成紅酒、小米酒、高粱酒、紹興…等，煮肉汁醬時，必須持續不斷地攪拌。

豬耳朵、豬頭皮

EARS & HEAD

豬隻頭部的地方，
帶有白色軟骨及豐富膠質

整隻豬的頭部，可以燉或是燜煮，煮過的肉可以製成
美味肉凍，含有濃厚的膠質。豬隻頭部的外皮，即豬
頭皮，則帶有白色軟骨，常見於台式小吃裡，滷或是
燻製都好吃，可以嘗到 Q 彈的皮及脆脆軟骨口感，受
到許多人喜愛。

而豬耳朵的部份，亦帶有軟骨，膠質豐富，很適合紅
燒、滷煮後切塊食用，也是台式小吃攤上常見的小菜
品項。豬耳朵和帶肉的豬鼻這兩部份，除了燉煮和滷
煮，也能做成肉製品，例如香腸、肉派…等。

豬肉問與答

Q 1 挑選豬耳朵時怎麼看？

試著挑選厚一點的豬耳朵，購買時，建議可用手觸摸看看、感受一下厚度，買厚一點的豬耳朵才能嘗到軟骨的口感。

Q 2 買回來的豬耳朵如何做處理？

❶ 先將豬耳朵洗淨、挑去雜毛，用小刀刮除耳朵表面的雜質髒點。

❷ 可用粗鹽或一般食鹽搓洗豬耳朵表面，去除看不見的髒汙。

3

前處理整張豬頭皮的方法？

1 將豬頭皮整張清洗乾淨，並挑掉雜毛。**2** 靠近嘴部的地方有可能殘留牙齒，需剔掉或切除。

1

2

4 汆燙豬耳朵時可加什麼去腥？

汆燙豬耳朵時，要一整塊下去燙，並且等水滾了之後才放下去。可加入白酒或米酒，以及喜愛的香料一同汆燙，增添香氣同時去除腥味，待豬耳朵稍微變色就可撈起放涼。

5 豬頭皮表面有皺摺的部份，如何清潔？

使用小牙刷或小型的刷子沾點食鹽，直接刷洗豬頭皮的表面，皺摺、隙縫的地方要翻開、仔細刷，記得要整張豬頭皮都刷過之後，才放在流動的水下面沖洗。

用火燒去除豬皮上的雜毛會比較快嗎？

用火燒的話，有可能會使毛根留在皮表下面，如此雜毛就無法清除到。因此，建議還是使用小夾子，將殘留的雜毛徹底去除，或者購買時就先請肉販做完整處理。

 滷製豬耳朵的美味訣竅？

依據滷製時間長短，會讓豬耳朵有不同的口感表現，例如：煮的時間短一點，就能嘗到軟骨脆度，若是煮久一點，口感上就會帶有膠質的感覺。可依個人口味喜好來調整煮的時間，呈現出來的口感也會不一樣。

 豬頭皮及豬耳朵的烹調建議？

如果喜歡帶肉的口感，可選擇有肉又膠質豐富的豬頭皮；如果比較想嘗軟骨的爽脆，就選帶脆骨的豬耳朵。又或者可以直接料理整張豬臉的部份，就能享受到兩種不同特色的口感。

 除了滷或燻，還有哪些方法能簡單烹調豬耳朵？

建議可以用粗鹽、黑胡椒粒、五香粉先抹在豬耳朵的表面，搓揉、按摩一下使其入味，然後放冰箱醃三天。下鍋前，先洗乾淨再燙熟食用，也是另一種風味的嚐鮮。

豬肉凍

味道十分濃郁又能吃到脆脆口感的一道涼菜，
能同時享受豬耳朵帶軟骨的Q脆以及豬舌微脆的口感。

材料 | 六人份

豬耳朵……100g
豬舌……500g
黑胡椒牛肉火腿……400g
高湯……2000ml
清高湯……1000ml
吉利丁片……10片
醬油……50ml

作法

1. 汆燙豬舌後，用高湯調味，再慢煮至入味；吉利丁片泡冰水備用。
2. 豬耳切條狀並汆燙，以清高湯調味、慢煮，記得需不時撈去表面浮渣，接著加入醬油及吉利丁片備用。
3. 取出煮好的豬舌，切成1x1x5的長條狀；黑胡椒牛肉火腿也切成同樣大小，與豬耳一起再煮十分鐘。
4. 鍋子離火後倒入容器中，放入冰箱冰鎮一天即可取出切片。

CHEF SAYS

夏天烹調這道菜時，可以放多一點吉利丁片，以避免肉凍太快化掉。但需注意，吉利丁片放得過多，肉凍口感會變比較硬一些。

鹹酥豬耳佐酸豆美乃滋

PART | ●●●●
豬耳朵 | 酥炸

不同於一般我們印象中的豬耳朵吃法，
將脆口豬耳朵炸至金黃可口，佐以解膩的的酸豆美乃滋，味道特別。

材料	一人份

豬耳朵……180g
鯷魚碎……10g
酸豆碎……20g
高筋麵粉……40g
玉米粉……100g
美乃滋……150g
八角……1個
月桂葉……1片
丁香……1個
肉桂……5g
醬油……100g
冰糖……30g
檸檬汁……10ml
高湯……1000ml
冰水……50ml
糖……10g

作法

1 汆燙豬耳朵後，加入所有香料、醬油、冰糖到高湯鍋中，慢煮約40分鐘至入味及熟軟，但注意不可以爛。

2 將煮好的豬耳朵壓成平鋪狀，放冰箱使其定型，再切成薄片備用。

3 酸豆碎、鯷魚碎、糖、美乃滋、檸檬汁拌勻備用。

4 將切好的豬耳沾裹上以高湯、玉米粉、冰水調好的麵糊，用180度高溫油炸約1分鐘，待表面金黃上色後，佐以酸豆美乃滋即可。

CHEF SAYS 油炸豬耳朵之前，可將豬耳用砂糖、茶葉、麵粉加工煙燻，能讓炸好的豬耳多一個煙燻的香氣。

蕃茄燴豬耳

以炸或煎的方式,先帶出豬耳朵的香氣,
再與微酸的蕃茄醬汁一同燴煮,豬耳朵會吸飽迷人的湯汁,非常夠味。

材料	一人份

豬耳朵……1副
蕃茄碎罐頭……3000ml
洋蔥……400g
白豆……150g
百里香……5g
月桂葉……1片
九層塔碎……20g
糖……120g
鹽……10g
高湯……1000ml
大蒜……20g
橄欖油……30ml
白酒……100ml

作法

1 白豆泡水放冰箱一晚備用;將豬耳朵切成適口大小後,再以180度油炸後瀝乾。

2 取一個燴鍋,先用橄欖油炒香洋蔥、大蒜、百里香、月桂葉,再加入蕃茄碎、糖、鹽、白酒,跟豬耳朵、高湯以小火慢燉半小時。

3 放入泡軟的白豆,以小火煮半小時後,拌入九層塔碎並淋上少許橄欖油即可。

CHEF SAYS

如果不喜愛油炸的方式,也可以改成煎豬耳朵後再做後續烹調程序;浸泡白豆時,記得要放入冰箱,以免豆子變質。

豬內臟

PORK INNARDS

每一區域的口感及風味各有特色，是精華集聚之處

豬腸 包含小腸、大腸、大腸頭…等，皆是需要花時間燉煮或滷煮口感才會好的部位。購買時，應注意豬販是否有清洗乾淨，特別是豬大腸的部份。

豬心 新鮮的豬心顏色應該是鮮紅色，選購時可按壓看看豬心表面，觸感是緊實的為宜。它適合長時間慢煮的烹調方式，燉、燜…等都是常見的料理法。

豬肝 外觀呈現紅棕色，含有豐富鐵質、深受許多女生喜愛。豬肝旁相連一塊瘦肉，即橫隔肌，即一般常稱的肝連肉。

豬肚 豬的胃部，一般需要費點時間，以燉煮的方式來做烹調。烹調前，記得將整個胃袋做徹底的清洗。

腰子 豬的腎臟，是台式料理常用的部位，口感是帶脆的，需仔細做烹調前的處理，以避免有尿騷味。

豬肉問與答

 如何處理豬腰？

1 首先將腰子剖半。

2 仔細剔除腰子內部的白色絲狀部份（即腥味來源）。

3 剔除時，需注意不要下刀太深。

 如何處理豬心？

將豬心翻開，用手搓洗或以小刷子在流動的清水下，徹底沖洗豬心內部。

 腰花的烹調方式有哪些？

腰花即豬隻的腰子，烹調後是帶有脆脆口感的特別部位。東西方的吃法不同，中式的吃法，通常是快炒、以表現脆度；而西式料理則相反，會用雜燴的方式將腰花煮軟來食用，口感呈現不同。

如何處理豬肚才不帶腥味？

❶ 將豬肚先汆燙，表面上黃黃的部份先剔除。

❷ 切開豬肚，用鹽搓洗，在流動的清水下沖洗豬肚內部。

❸ 最後依個人喜好將豬肚切成適口大小。

 能讓豬肚保持口感的烹調法？

汆燙好的豬肚，可以泡冰水、放冰箱保存，盡量於當天烹調、食用完畢。燉煮時，最後應該留一小段時間，關火後讓豬肚在高湯鍋中慢慢燜透，就能熟而軟爛。

 豬肝如何處理及去腥呢？

買回來的豬肝，建議趁新鮮、立即先泡在牛奶裡半小時，可以幫助去除腥味，同時讓豬肝的口感比較軟嫩一點。此外，豬肝不適合長時間烹調，烹煮時間要特別注意。

 怎麼處理豬腸才乾淨？

建議可以將一般食用鹽或麵粉撒在豬腸內部，直接搓洗；或者用可樂沖洗也可以。初步搓洗後，再放在流動的水下面做反覆沖洗的動作即可。

8 如何處理豬肝及保鮮？

1 將豬肝四周的部份稍做修整，切除多的地方。

2 剔除豬肝表面筋膜、血管或邊緣白白的部份。

9 豬內臟維持鮮度及去腥的方法？

建議選購時，就挑選鮮度夠的內臟，並購買當天可以食用完的份量，儘量不要放至隔天食用，鮮度和口感都會比較差一點。去腥的話，建議可以汆燙個兩次或沖洗久一點，讓腥味去除掉。

10 如何汆燙豬肝才能保有嫩度？

汆燙前，豬肝表面不妨先沾點太白粉或地瓜粉再下鍋，讓嫩度維持住；而用來汆燙的鍋中，建議可以加一點米酒去腥味。

11 怎麼烹調腰子能更入味？

建議可以把腰子切成花狀，使腰子在烹調過程時，其表面能夠受熱平均，並且好讓醬料味道確實吃進去。

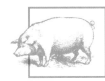

爐烤肝連沙拉

PART 肝連 ●●●● 烘烤

不同於台式的黑白切吃法，先將肝連烤到表面微黃稍脆，
再搭配豐富的各色蔬菜、淋上陳年醋特調的醬汁一起吃。

| 材料 | 一人份 |

肝連……1副（約500g）
小蕃茄……20g
紅捲生菜……50g
綠捲生菜……50g
小豆苗……20g
蘿美生菜……適量
百里香碎……2g
胡椒……3g
鹽……7g
糖……30g
陳年醋……100ml
橄欖油……200ml
高湯……1000ml
白酒……100ml

作法

1 用調好的高湯煮肝連約1小時後，轉小火。

2 將陳年醋、橄欖油、糖、鹽、百里香先拌勻，再用打蛋器打至乳化備用。

3 將所有生菜撕成一口吃的大小，泡冰水並濾乾備用。

4 將爐烤鍋（griller）預熱，將煮好的肝連烤上烤紋。

5 將油醋拌入生菜中，搭配肝連切片一同食用。

CHEF SAYS

家中若沒有爐烤鍋，也可以改用平底鍋，慢慢地將肝連表面煎至上色。

油炸豬肝配時蔬

先以牛奶浸泡過豬肝，能幫助去除腥味，
之後裹上冰麵糊，就能製成外表微酥卻又內軟的好吃豬肝。

材料 兩人份

豬肝……300g
迷迭香……1支
紅蘿蔔……10g
白花椰菜……40g
青花椰菜……40g
小蕃茄……2顆
小黃瓜……12g
百里香……5g
月桂葉……1片
蛋……1顆
麵粉……80g
牛奶……100ml
玉米粉……140g
胡椒鹽……少許
高湯……200ml
冰水……50ml

作法

1　用牛奶、月桂葉、百里香、迷迭香醃泡豬肝2小時去腥，待軟化後取出，並切成薄片備用。

2　將麵粉、蛋、玉米粉、冰水拌勻成麵糊，以切好的豬肝沾麵糊下油鍋，用180度大火炸至表面金黃、內軟，約1分鐘。

3　所有青菜先入高湯汆燙，再沾麵糊油炸，最後跟炸好的豬肝一同沾胡椒鹽食用即可。

CHEF SAYS

冰水也可換成冰啤酒，在麵糊中增添啤酒香氣；切記需讓麵糊保持低溫，和高油溫產生反差，才能讓炸的口感效果酥脆。

腰花茄汁義大利麵

充份吸滿濃郁茄汁的腰花，配搭上脆口的腰花片以及撒滿起司粉的
Q彈義大利麵，是一道誘人食慾的美味料理。

材料 兩人份

腰花片……200g
洋蔥丁……100g
蕃茄碎……1000g
預煮好的義大利麵…… 200g
大蒜……15g
香菇……100g
糖……30g
鹽……5g
高湯……500cc
起司粉……10g
橄欖油……20g
百里香……3g
九層塔……10g
白酒……40ml

作法

1　先取一個鍋子炒香洋蔥丁、大蒜碎，再加入蕃茄碎、百里香、糖、鹽、高湯一同煮滾後，用果汁機打碎備用。

2　以另一個鍋子炒香香菇、蒜碎，再放入腰花片、煮好的蕃茄醬汁與預煮好的義大利麵，轉大火收汁，讓麵吸收醬汁跟腰花的風味後，拌入九層塔跟起司粉即可。

CHEF SAYS

拌煮義大利麵時，腰花不宜過熟，如果怕腰花片的熟度不好掌握，建議可以先過滾水汆燙會比較方便。

蕃茄豬肚燉飯

以大量蔬菜加入豬肚一同煮成噴香的茄汁燉飯，
米粒和豬肚都能完美吸收帶有蔬菜甜味的湯汁，是一嚐就令人難忘的料理。

材料 一人份

豬肚……100g
洋蔥丁……100g
西芹丁……60g
紅蘿蔔丁……60g
苗蒜丁……30g
蕃茄罐碎……1L
義大利米……100g
奶油……20g
起司粉……10g
月桂葉……1片
百里香……少許
紅酒……1000ml
高湯……500ml

作法

1　取一個鍋子，以橄欖油炒香洋蔥丁、西芹丁、紅蘿蔔丁、蒜苗丁，再放入豬肚、蕃茄碎、紅酒、高湯、月桂葉、百里香，慢煮1小時。

2　將香料和豬肚取出，濾掉香料、留下醬汁，再將豬肚切成長條狀。

3　取一個炒鍋，放入洋蔥碎、月桂葉、義大利米一起炒香，再加入高湯100ml，跟醬汁、豬肚邊拌炒邊煮。

4　煮至米心約9分熟，才拌入奶油跟調味，最後以起司粉做為裝飾。

CHEF SAYS

如果不喜歡米心的口感太硬，建議可以拉長烹調時間，讓飯更熟一些。

豬肚香料麵包燒

將一般用來煮湯或熱炒的豬肚，變化成有趣吃法，
用乾麵包粉包覆豬肚，烤熟後就能有帶著香料氣息的美味酥香外皮。

材料	六人份

豬肚……1副
百里香……5g
月桂葉……1片
丁香……1支
蒜碎……10g
巴西利碎……5g
鹽……1g
胡椒……5g
芥末醬……30g
麵包粉……50g
辣椒粉……2g
糖……5g
鹽……5g
高湯……3000ml
白酒……1000ml
橄欖油……20ml

作法

1　用高湯、百里香、月桂葉、丁香、鹽、胡椒將豬肚煮1小時後，稍微煎香、讓表面上色，再塗抹芥末放烤盤上備用。

2　將蒜碎、巴西里碎、辣椒粉、糖、鹽、麵包粉拌勻，撒在豬肚上、淋上橄欖油，放入預熱200度的烤箱，烤至香料麵包粉上色、香氣出來即可。

CHEF SAYS　需用乾的麵包粉來做這道料理，烤起來的口感才酥脆。除了上述香料外，也可以加入檸檬皮、百里香、迷迭香…等多種香料做口味變化。

奶油起士豬肝麵餃

豬肝也能變成餃子內餡，以多種香料混合豬肝，
讓餡料有更濃郁的好味道；麵餃皮也可以購買市面現成的來替代。

材料	兩人份

豬絞肉……300g
豬肝……100g
蛋……3個
鯷魚……20g
蒜末……15g
酸豆……10g
黑胡椒……適量
鼠尾草……適量
帕瑪森起司……60g
高筋麵粉……280g
麵包粉……120g
乾巴西利……3大匙
橄欖油……1小匙
鹽……1小匙
溫水……50 g
鹽……適量

作法

1 將麵粉倒在攪拌盆裡，中間挖洞，把蛋、橄欖油、鹽和一半的溫水倒入，攪拌成糰（如果太乾，可多加一點水，少量多次來調整）。

2 稍微成糰後移到乾淨的桌面上，用手揉捏，直到麵糰變成光滑、有延展性。

3 麵糰需包上保鮮膜，在室溫下放置30分鐘以上。

4 倒入橄欖油熱鍋，先以蒜末、鯷魚、酸豆爆香，再加豬絞肉和豬肝下鍋炒熟，用鹽和胡椒調味，最後把液體壓出倒掉。

5 把煮熟的豬絞肉、豬肝和剩下材料放入大碗中，攪拌成為內餡，並分別揉成小的丸子備用。

6 將醒好的麵糰分成小塊，桿平成8x8公分的大小（亦可用方形模具製作）。

7 將內餡放入麵皮中間，再把另一張麵皮蓋在上面，四周用蛋液黏住；完成的義大利餃煮至8分熟，撈起之後備用。

8 取一鍋子，將巴西利碎和黑胡椒碎炒香後，加入100ml鮮奶油和煮至適當熟度的義大利餃，再加入少許煮麵水一同煮，等醬汁變得濃稠後，加入適量鹽和鼠尾草、帕瑪森起司調味後關火。

CHEF SAYS

麵糰需用保鮮膜包緊實，防止麵糰變乾，並放在溫暖的地方醒麵30分鐘。可以避免桿開後，麵糰筋性過大，而使麵皮往回縮。

豬腱湯佐鯷魚醬

PART
多部位

燉煮

先將豬腱、豬心及肝連與香料一同去腥燉煮，
慢煮之後的湯頭會有豬肉的鮮甜味道，再佐上淡綠色的鯷魚醬食用。

材料 兩人份

豬心……200g
肝連……400g
豬腱……250g
鯷魚……10g
蒜碎……5g
巴西利……40g
白酒……400ml
豬高湯……1000ml
百里香……5g
橄欖油……50ml
起司粉……10g
鹽……7g
糖……10g

作法

1 用熱水汆燙豬腱及內臟後撈起，放入另一個湯鍋中，和高湯、白酒、百里香一起以最小的火慢煮1個小時。
2 接著製作醬汁，把鯷魚、巴西利、橄欖油、蒜碎、起司粉、鹽、糖加到果汁機裡，全部打成泥即可，當作食用時的沾醬使用。

CHEF SAYS

醬汁不宜攪打過久，以免葉綠素會讓醬汁變黑。打好的醬汁可裝入乾淨小碗裡，再放至有冰水的大碗中，隔水降溫。

大多採用肉質較硬的臀肉及腿肉部位，能做成多種肉製品

豬隻身上能用來做絞肉的部位不少，但一般最常見的還是使用臀肉或後腿肉來做，當然也可以在肉攤上購買時，選用其他喜愛的豬肉部位。絞肉需要加入豬油一起絞，通常是使用豬隻背脊皮表下方的油脂，如此絞出來的肉，口感才會滑順好吃。

如果是要製作比較稍微嘗到肉塊口感的，例如肉燥，可以絞一次即可；若是要做肉丸、漢堡肉排…等等，則可絞個兩次，讓肉末口感更細緻。絞細後的肉，保存時，若以一整包冷凍保存，取用時不太方便；建議將買回來的絞肉先簡單清洗後，依每次大約會食用份量，分小包放冰箱，或搓成球狀放保鮮盒裡保存亦可。

豬肉問與答

 1 什麼豬肉部位最適合做絞肉，肥瘦肉比例又該怎麼抓？

一般多採用比較沒有筋的後腿肉部位，可以用三比七的肥瘦比例來做，或者也能依據各人喜好調整肥瘦比例。如果想要絞肉吃起來比較細緻，可以採用後腿肉先絞一次，再加上肥油部分絞第二次，讓油脂滲到肉中、效果就會比較滑口。

2 絞肉絞一次或兩次的差別在哪裡？

多絞幾次肉，會讓絞肉的顆粒粗細變得平均，做料理時的口感比較好，例如：而且烹調上受熱也會比較均勻。如果是要做肉燥的話，可以只絞一次保有豬肉的顆粒感，如果是要做肉排或肉丸…等，則可以絞兩次。

 3 絞肉也需要做前處理再烹調嗎？

購買豬絞肉時，請肉販先將肉洗過再絞，因為肉塊放在攤販上屬於開放式空間，為了食的安全，先請肉販幫忙前處理比較安心（買回來的絞肉，不建議用水洗，會使得絞肉和油脂分散掉）。

捏製肉排或肉丸時能更好吃的訣竅？

❶ 依個人喜好，可放入不同的香料來拌，去腥同時增添香味。❷ 將三比七的肥、瘦絞肉及香料充分拌勻。❸ 建議可以適時的摔打絞肉，能讓口感更佳。

 絞肉的延伸變化有哪些？

絞肉的用途非常廣，可以變化做成肉丸、漢堡肉排、香腸、肉派…等等；平時可以買一些絞肉來做不同的成品冷凍保存，要食用時會很方便。

讓肉丸或肉排更帶汁的烹調法？

先用大火將肉丸或肉排表面煎上色，再放入烤箱烤；或者是表面沾粉後下鍋油炸。做肉餡時，建議加一些高湯到肉餡裡攪打，可以增加肉汁。

 用不完的絞肉怎麼保存才好？

可以依據每次要食用的份量，將絞肉小包小包冷凍保存；或是做成肉丸成品冷凍保存，要食用時只需回溫加熱即可。

 炸肉丸或肉排時，如何避免過焦？

先用160至180低油溫將肉丸或肉排先炸熟，接著再用200至220度的高油溫炸酥表面，這樣肉丸或肉排既能熟透又能保有酥脆外衣，同時又不會吃油。

 如何製作濃郁但不油膩的肉燥？

先分開絞肉的肥瘦部份，接著先爆香肥油，留下少部份的油和油渣，然後才加入瘦肉，這樣一來，肉燥會有豬油香味但是比較不油膩。

快炒香辣豬肉燥

PART 絞肉

●●●● 快炒

這道料理準備和烹調的時間很短，但完成後的肉燥口味卻很豐富，
適合淋在飯上大口吃，而且也很適合配麵哦。

材料 兩人份

豬絞肉……250g
橄欖油……1大匙
大蒜末……1小匙
黑橄欖末……1大匙
香菇……225g
紅辣椒……1根

醃料

玉米粉……1小匙
醬油……2小匙
糖……1小匙
米酒……1小匙
香油……2大匙

作法

1　將醃料的所有材料放進小鍋中，加入
　　豬絞肉混合，靜置一旁醃一下。

2　取一個炒鍋，熱油後加入大蒜爆香，
　　再放絞肉並以大火快炒3分鐘，期間
　　繼續攪拌，加進香菇片與辣椒碎，翻
　　炒到豬肉熟透為止。

CHEF SAYS 也可以用蕃茄醬取代醬油來做，把這
道肉燥做成微酸的蕃茄口味也十分美
味哦。

炸豬肉丸佐檸檬優格醬

清爽的豬肉丸吃法，可一次製作多一點，放冰箱保存；
食用時再澆淋上富有果香的優格醬，口味變得清新無負擔。

材料	四人份

豬絞肉……500g
檸檬……2顆
原味優格……300g
香菇碎……100g
洋蔥碎……50g
水芹菜……50g
蛋……1個
鹽……4g
白胡椒……3g
奶油……20g
麵粉……100g
橄欖油……30ml

作法

1 去掉檸檬皮白色的部份，只留青色果皮切碎後，拌入原味優格，並倒入檸檬汁、鹽、橄欖油，冰在冰箱備用。

2 取一鍋子，用奶油炒香洋蔥碎和香菇碎之後，放冷備用。

3 將絞肉、放冷的香菇碎及洋蔥碎、鹽、白胡椒、蛋一起拌出筋，做成單顆約50g丸子，放入冰箱定型備用。

4 將做好的丸子表面沾上麵粉，以180度的油鍋炸4分鐘後取出，佐以檸檬優格醬跟水芹菜。

檸檬也可換成其他有酸度的水果，例如鳳梨、芒果、柳橙…等，其果汁及果肉都能一起加入優格內使用。

豬跳舞風燴煮豬肉丸

簡單做就能飽嘗濃郁肉汁的一道料理，
咬一口紮實卻又鮮嫩的肉丸，會有撲鼻而來的香料氣息和洋蔥甜味。

材料	一人份

豬絞肉……200g
牛番茄……5顆
蛋……1個
洋蔥……1顆
大蒜……3顆
蔥末……適量
迷迭香……1支
百里香……2支
月桂葉……2片
胡椒……適量
黑胡椒粒……少許
紅椒粉……適量
麵粉……適量
鹽……適量
糖……少許
太白粉……少許
橄欖油……3大匙
白酒……120ml

作法

1　將豬肉丸材料與調味料混和，以同方向攪拌至有黏性，並捏成丸子狀。

2　鍋內加入橄欖油爆香，入大蒜片、洋蔥丁，炒至洋蔥轉為透明，並在洋蔥變色變焦前熄火。

3　將豬肉丸均勻鋪進燉鍋內，加白酒煮開至水分蒸發掉至少一半，之後再加入炒料、蕃茄丁、香料，稍微煮滾後轉小火煮半個小時即可。

CHEF SAYS　燉煮時，在鍋中蓋一張烤盤紙，避免讓鍋中食材往表面浮，才能食材更入味。另外，記得以小火燉煮才不會讓豬肉丸形狀散掉。

炸春捲佐甜辣醬

以豬絞肉拌入好營養的多種蔬菜，酥酥脆脆的春捲外皮，
內含令人驚喜的豐富餡料，佐以開胃的甜辣醬食用。

| 材料 | 四人份 |

豬絞肉⋯⋯500g
洋蔥丁⋯⋯50g
馬鈴薯丁⋯⋯50g
西芹丁⋯⋯100g
蛋⋯⋯2顆
春捲皮⋯⋯10張
鹽⋯⋯3g
胡椒⋯⋯3g
巴西里碎⋯⋯5g
香菜碎⋯⋯5g
蒜碎⋯⋯5g
香菜葉⋯⋯適量
橄欖油⋯⋯30ml
白酒⋯⋯40ml
甜辣醬⋯⋯適量

作法

1　先將馬鈴薯丁、洋蔥丁、西芹、蒜碎炒香，再加入香菜碎、巴西里碎、鹽、胡椒、白酒一起拌炒後放涼。

2　將炒好放涼的料拌入豬絞肉中，加入全蛋1顆，拌到有筋性為止。

3　用春捲皮包料，接縫處記得用蛋液沾黏，以160度的油溫炸4分鐘，再用180度炸1分鐘，佐以甜辣醬及香菜葉做裝飾。

CHEF SAYS　春捲接縫處要確實黏好，以避免油炸時散開。不妨一次做多個放冷凍庫，烹調時不需退冰，直接下鍋炸即可。

焗烤漢堡肉佐蜂蜜芥末醬

漢堡肉是很有人氣的不敗料理，鋪上香濃起司片，
讓豬絞肉的味道更濃郁強烈，佐以蜂蜜芥末醬一同享用。

材料	四人份

豬絞肉……800g
蛋……2個
洋蔥……1／2個
蔥末……適量
蜂蜜……20g
英式黃芥末……50g
胡椒粉……少許
黑胡椒粒……少許
太白粉……少許
麵粉……少許
美乃滋……100g
起士片……2片
鹽……少許
糖……少許
蜂蜜芥末醬……適量

作法

1　將豬絞肉、蛋液、洋蔥、蔥末與所有調味料混和，以同方向攪拌至有黏性為止。

2　拌好的絞肉分成4等份，每一份皆捏成圓形。

3　備一不沾鍋或平底鍋，以中小火慢慢煎肉排至兩面上色，讓肉排整個熟透即可。

4　在漢堡肉上放上起士片，肉本身的熱度會讓起士融化，最後附上蜂蜜芥末醬一起吃。

CHEF SAYS

捏製漢堡肉之前，手可先泡冰水，讓手的溫度降低。如果想降低油的使用量，也可將肉排煎至兩面上色後，放進烤箱烤。

豬隻身上任何小部位都能做多樣烹調，風味皆不同

豬頰肉 即豬下巴、臉頰兩側部位的肉，其紋路很像菊花，又可稱菊花肉。油脂不太多，肉中帶有美味軟筋，口感軟嫩好吃。可以汆燙切片吃，或是拿來燉煮也別有一番風味。

豬肋排 肋排是取自於腰脊肉的肋排段，可以帶骨烹調。肋排分上半部及下半部，上半部屬豬背脊肉肉質較滑嫩些；下半部則是豬胸骨肉，肉質比較有咬勁。

豬尾巴 由皮質和骨節組成，含有豐富膠質、即女性最愛的膠原蛋白，不妨嘗試看看買來做燉煮類型的料理，豬尾帶皮的Q度會讓人一嚐上癮、燉煮之後成品湯頭更是濃郁有加。

豬舌 外觀呈現淡粉色的扁平肉，口感是比較硬的，很適合長時間的慢煮或燜煮。

豬肉問與答

 帶骨肋排的處理方法?

將帶骨的肋排部位切塊,或用剁刀剁成更小塊(一般家中若沒有剁刀,建議購買時,請豬販先剁成適當大小)。

豬頰肉的美味料理法和訣竅?

一般是以滷製或水煮後切片…這一類濕式加熱法來烹調居多。也可以用鹽醃,變成有鹹味的豬頰肉。豬頰肉會帶點筋,記得烹煮時間要夠,才會帶有膠質感覺,煮的時間若不夠久會容易變硬。

豬尾巴的處理及去腥？

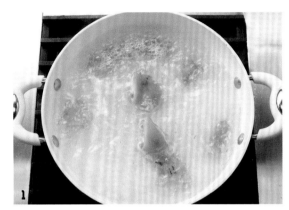

❶ 備一滾水鍋，先汆燙豬尾巴。❷ 用刀背細心刮除豬尾巴表面的髒點雜質。❸ 若範圍比較大或深，則可用小刀稍微切除。

 豬尾巴的美味烹調法？

豬尾巴可以搭配美味鮮蔬下鍋一起燉出膠質豐富的湯品，將豬尾巴前處理後，取一大鍋加喜愛的蔬菜先爆香拌炒，再放入豬尾巴一起燉會很美味。

5 豬舌如何處理和去腥味？

先將豬舌洗淨，以刀子將豬舌表面的舌苔刮
除，並切除舌根處多餘的結締組織。

6 豬頸肉適合何種烹調法？

豬頸肉的口感是脆脆的，油脂也夠，很適合用做燒烤料理、水煮切片，但是烹調時
間要短一點。也可以用紅味噌或白味噌，將肉醃製一個晚上，做成不同口味，但烹
調前要把表面味噌先沖掉。

7 丁骨豬排的處理和烹煮法？

首先，要把附在肌肉上的筋先修整乾淨；另外，靠骨頭的部份會比較不容易熟，建
議可以用刀先在骨與肉相連處稍微劃開、但不切斷，能讓加熱時更均勻受熱。

8 松阪豬是指豬隻身上哪個部位？

松阪豬即豬頸肉，佔全豬比例很少，因此許多人對松阪
豬肉的料理趨之若鶩。但其實，若以經濟實惠面來看，
雖然此部位口感佳、油脂也夠，但不見得是需要特別去
吃的部位，豬隻的其他部位也有值得嘗試的美味。

9 如何美味烹調丁骨豬排？

丁骨豬排如果烹調過久，容易導致肉質太乾太澀，建議可以在丁骨豬排外面用火腿
或培根包裹住，帶點油脂讓口感更好。或者，可以加豬網油包裹住丁骨，並搭配香
料及梅子一起包，烹調起來會有不同風味。

油醋豬頰肉沙拉

帶有脆度的美味豬頰肉,是十分好吃的豬肉部位,
選用喜愛的醋品製作微酸的開胃醬汁,澆淋在沙拉上一同享用。

材料 | 一人份

豬頰肉……200g
綜合生菜……100g
月桂葉……1片
丁香……1個
巴西利……5g
橄欖油……100ml
陳年葡萄醋……40ml
高湯……2000ml

作法

1 將陳年葡萄醋40ml、橄欖油100ml、糖、鹽倒到乾淨瓶子中,均勻攪拌讓它暫時乳化後,放冰箱備用;綜合生菜洗淨後,冰鎮備用。

2 豬頭肉、月桂葉、巴西利、丁香放到容器中,仔細把香料揉到豬肉上,靜置24小時備用。

3 泡過香料的豬肉放入高湯鍋中,以76度煮2個小時後取出放涼,用紙巾吸乾表面水分。

4 備一燒烤用鍋子,倒入橄欖油熱鍋,用最大火力把豬肉表面煎到上色,最後切薄片佐以綜合生菜跟做好的油醋醬即可。

CHEF SAYS 油醋醬靜置之後,會產生分離現象,使用前需搖均勻;除了陳年葡萄醋之外,也可以使用別種醋品來替代。

豬頸肉佐味噌沙拉醬

口感嫩又帶汁的豬頸肉滋味迷人，不妨用家中常備的味噌來製作醬料，
佐以顏色多樣的綜合生菜，做法簡單又好吃。

材料　一人份

豬頸肉……200g
綜合生菜……100g
香菜碎……10g
月桂葉……1片
巴西利……5g
丁香……1個
香油……40g
黑醋……10g
糖……10g
芝麻……5g
味噌……10g
高湯……2000ml

作法

1　味噌、糖、香油、黑醋、芝麻倒到乾淨瓶子中，攪拌讓它暫時乳化，放冰箱備用；綜合生菜洗淨後冰鎮備用。

2　把豬頸肉、味噌、月桂葉、巴西利、丁香放到容器中，仔細把味噌跟香料揉到豬肉上，靜置24小時備用。

3　泡過味噌及香料的豬肉放入高湯鍋中，以76度煮1個小時後取出放涼，用紙巾吸乾表面水分。

4　備一燒烤用鍋子，倒入橄欖油熱鍋，用最大火力把豬肉表面煎到上色，最後切薄片佐以綜合生菜跟做好的醬料即可。

CHEF SAYS 紅、白味噌都可以使用，但如果買到比較鹹的味噌，可以多加點糖來平衡，同時並將味噌份量減少一些。

煙燻豬頰肉

以煙燻方式,製作出不同風味、帶點茶香的豬頰肉;
製作這道菜時,請使用比較舊或準備丟棄的鍋子來做煙燻。

| 材料 | 六人份 |

豬頰肉……1kg
月桂葉……1片
巴西利……5g
丁香……1個
香菜……10g
糖……50g
鹽……5g
麵粉……100g
茶葉……30g
高湯……2000ml
水……1000ml

作法

1 備一乾淨容器,加入水、糖、鹽、月桂葉、巴西利、丁香,並且放進豬頰肉泡24小時備用。

2 泡過香料水的豬頰肉放入高湯鍋中,以80度煮2個小時後取出放涼,用紙巾吸乾表面水分。

3 備一有深度的鍋子,鍋底放一張鋁箔紙,上面擺麵粉、糖、鹽、茶葉,開大火先讓它燒起煙。

4 在鍋中放個架子,把煮好的肉放進去,蓋上鍋蓋,煙燻約20分鐘後取出,再用香菜做搭配即可。

CHEF SAYS 豬頰肉也可以用豬腱肉替代,浸泡用的醬汁記得要淹過肉,充分入味後才能讓肉本身更多汁。

酥炸豬尾巴

豬尾巴的另類吃法，先拌好混和多種香料的麵包粉，
再下鍋酥炸，Q彈外皮和肉的部份各有不同口感呈現。

材料　兩人份

豬尾巴……2根
洋蔥……200g
西洋芹……100g
紅蘿蔔……100g
黑胡椒粒……10g
乾辣椒……1根
月桂葉……1片
奧勒岡碎……15g
蛋……1顆
麵粉……300g
鹽……適量
麵包粉……300g
英式黃芥末醬……適量
白酒……300ml

作法

1　取一個鍋子，加入洋蔥、西洋芹、紅蘿蔔、月桂葉、黑胡椒粒、白酒，以及汆燙過的豬尾巴，煮至熟軟後，放涼備用。

2　將麵包粉混合乾辣椒、奧勒岡、鹽、胡椒，攪拌均勻即成香料麵包粉。

3　先刷一層黃芥末醬於豬尾巴上，再依序沾上麵粉、蛋液、香料麵包粉。

4　備一鍋子，將豬尾巴以180度油溫炸至表皮金黃酥脆即完成。

CHEF SAYS　豬尾巴也可以不沾麵包粉炸，讓表皮有不同的口感，並改成搭配香料鹽食用，變成另一種口味的吃法。

豬尾巴蔬菜湯

豬尾巴是一般家庭在料理時比較少選用的部位，但其豐富膠質十分營養，
配搭多種鮮蔬，你也能在家熬製出爽口但濃厚的營養蔬菜湯。

材料	兩人份

豬尾巴……1條
紅蘿蔔丁……50g
洋蔥丁……50g
西洋芹丁……30g
蒜苗丁……10g
百里香……1g
月桂葉……1片
九層塔……5g
茵陳高……1g
蕃茄糊……20g
橄欖油……40g
大蒜碎……10g
高湯……1500ml

作法

1　用一鍋熱水將豬尾巴汆燙一下，再用刀背將表面刮一刮，切一段段備用。

2　在鍋中倒入橄欖油，放入大蒜碎跟所有的蔬菜丁、香料一起用小火炒香，再加入蕃茄糊拌炒一下，炒去酸味。

3　倒入白酒和高湯，再放入處理好的豬尾巴，用小火慢燉約30分鐘即可。

4　要吃之前再淋上橄欖油以及放點九層塔即可。

CHEF SAYS
汆燙過的豬尾巴，用刀背細心刮除表面髒點雜質，若範圍比較大，則可用小刀稍微切除。

豬舌燉飯

採用有口感的義大利米，以及肉質細緻Q軟的豬舌一同燉煮，
法式肉汁的甜香帶出肉的質地，是一道很受歡迎的燉飯。

材料	四人份

豬舌……1支

香菇……150g

大蒜碎……30g

九層塔碎……10g

預煮過的義大利米……600g

起士粉……30g

百里香……3g

月桂葉……1片

奶油……30g

白酒……50ml

高湯……1000ml

作法

1 備一鍋子，倒入橄欖油熱鍋先煎豬舌，再放入月桂葉、百里香、大蒜碎、香菇丁炒香，之後加入白酒、高湯慢慢地煮。

2 煮2個小時後，把豬舌撈出，切成小片再放回鍋中。

3 倒入義大利米，開中火慢慢煮，把味道都煮入米心裡面；待米約9分熟之後，拌入奶油跟鹽胡椒調味，起鍋前加九層塔碎跟起司粉即可。

CHEF SAYS

先煎過豬舌、輔助定型，再放進高湯泡熟後，放涼切片。若喜歡有咬勁的話，烹煮豬舌的時間可以縮短一點。

墨西哥香料烤肋排

墨西哥風味的嗆辣風情，讓豬肋排同時帶有辣椒和胡椒的不同香氣，
整塊肋排下去烤能嚐到甜美肉汁。

材料 兩人份

豬肋排……600g
匈牙利辣椒……60g
洋蔥丁……80g
胡蘿蔔丁……80g
西芹丁……80g
月桂葉……1片
黑胡椒粉……60g
黑胡椒粒……10g
小茴香……15g
奧勒岡碎……15g
辣椒粉……5g
鹽……適量
雞高湯……300ml
白酒……30ml

作法

1 用白酒、鹽、胡椒先醃漬豬肋排一晚，讓醃料味道吃進去。

2 取一鍋子，加入洋蔥丁、紅蘿蔔丁、西芹丁、月桂葉、黑胡椒粒、雞高湯、豬肋排，小火煮45分鐘後，取出豬肋排備用。

3 將剩下的香料放入大盆中攪拌均勻，放入步驟2煮好的豬肋排，均勻抹上香料。

4 最後放入烤箱，用180度烤10分鐘左右即可。

CHEF SAYS

如果家中烤箱尺寸比較小，可以先將肋排分切成一根根，再做後續烹調。

高麗菜燉豬肋排

選用豬肋排，搭配上清甜高麗菜，燉煮出來的味道香甜而濃郁，
是一道製作過程簡單口味卻十分豐富的料理。

材料	四人份

豬肋排……900g
高麗菜……1顆
洋蔥……1顆
蕃茄……2顆
大蒜……2瓣
胡椒粒……8粒
醋……2大匙

作法

1　將切塊肋排放入湯鍋中，注入清水直到蓋過肋排，以中火慢煮1至1小時半，直到肉變軟。

2　烹煮過程中記得隨時撈起浮渣，接著將切絲洋蔥與切片蕃茄加入鍋中再煮10分鐘。

3　最後把大蒜、胡椒粒、醋、切絲高麗菜全加入豬肉鍋中，充分攪拌後調味，直到高麗菜口感適中即可關火。

CHEF SAYS
也可以改用高麗菜乾或是酸白菜，兩者都能讓豬肋排味道變得更濃郁，並呈現出不同的口感效果。

主廚私授：
每一部位都
不浪費的美味作法。

除了豬肉之外，一隻豬身上還有
好多小部位可以做成簡單料理或
家常小菜，主廚要教你好學易懂的
烹調小訣竅，以及每一部位
都不浪費的美味吃法。

Ⓐ 豬皮

豬皮含有極為豐富的膠質，耐燉煮、滷煮，不僅是美容聖品，
Q彈有咬勁的口感更是深受許多人喜愛。

處理訣竅

1　先刷洗豬皮，拔除豬皮表面雜毛，再用刀子刮除皮表上的雜質。
2　備一滾水鍋，放入豬皮汆燙後，用清水沖洗一次。
3　將皮下的肥油仔細刮除後，再進行後續的烹調。

簡單做‧好美味！ ## 涼拌豬皮

●●●●
涼拌

材料　一人份

豬皮……適量　　　　醬油膏……100ml
薑……3片　　　　　　香油……10ml
蒜末……20g　　　　　米酒……50ml
辣椒末……10g　　　　水……3000ml
蒜苗碎……20g

作法

1　將豬皮放入水中，加入米酒、薑片，煮至喜好的軟硬度後撈起。
2　將豬皮切成適口大小，另將蒜末、辣椒末、蒜苗碎、醬油膏、香油混合調製成沾醬即可，直接淋在豬皮上食用。

B 豬油

泛指豬隻身上的脂肪，若是取自肩、背上緣部位的油脂，則稱「背油」。
自己在家煉的豬油，記得放入能密封的容器中、放入冰箱保存；儘量在兩個月內使用完畢。

處理訣竅

1　倒適量的油於鍋中，再放入切塊的豬油。

2　記得將豬油分散平鋪於鍋內，轉中小火。

3　油脂會漸漸被逼出來，炸的過程中切勿心急。

4　待豬油炸至稍微焦黃即可熄火，最後將油渣丁和油分離即可。

→

  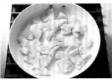 

簡單做·好美味! **豬油烘蛋**

材料 ｜ 一人份

豬背脂……200g
雞蛋……3顆
洋蔥絲……30g
鮮奶油……50ml
鹽……少許
胡椒……少許

作法

1 先將豬背脂切成適當大小，用中小火炸出豬油後，留下豬油渣備用。

2 以豬油先炒香洋蔥絲，在大碗中加入雞蛋、豬油渣、炒香的洋蔥絲、鮮奶油、鹽、胡椒打勻。

3 在烤盅內塗上一層薄薄的豬油，將步驟2的蛋液倒入（約七分滿），並以180度烤約5分鐘即可。

C 豬骨頭

使用豬骨頭燉製高湯，可依個人喜好來調整濃淡，燉的時間短一點，
就是香甜的清澈高湯；如果喜歡味道濃郁的，燉久一點就變成白色的豚骨湯頭。

處理訣竅

想熬製一鍋豬骨高湯，大概準備
1500g至2000g的豬骨即可，買回
來之後記得需要先沖洗乾淨，並
做汆燙的動作。

簡單做·好美味! ## 不失敗豬骨高湯

燉湯
●●●●

材料	一人份

豬大骨……1500g
洋蔥……200g
西洋芹碎……100g
紅蘿蔔……100g
蒜苗……100g
月桂葉……2片
百里香……少許
白酒……300ml
水……6000ml

作法

1　洗淨豬大骨，再放入沸
　　水中汆燙，去除血水及
　　穢物。

2　撈起汆燙好的豬大骨，
　　以清水沖洗乾淨後備用。

3　放豬大骨及其他材料放
　　冷水鍋中煮至沸騰。

4　記得以大火先煮開，再
　　轉中小火繼續燉煮約20
　　分鐘。

5　最後過濾材料並撈除浮
　　末，只取高湯即可。

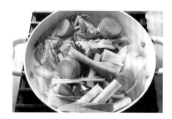

D 豬血

豬血比較不易入味，滷製時，建議湯頭滾了之後，要關火燜著，讓味道吃進去，
以免豬血縮小且口感過老。如果要煮湯，記得水滾後再放豬血，以免煮太久讓豬血變乾。

處理訣竅

將買回來的豬血浸入冷水中，放冰箱冷藏
保存，建議儘快料理完畢比較新鮮。

簡單做 · 好美味!　**豬血炒韭菜**　快炒 ●●●●

材料　一人份

豬血……300g
韭菜……200g
油蔥酥……少許
胡椒粉……少許
高湯……1000ml
糖……少許
醬油……少許
香油……少許
沙茶醬……適量

作法

1　韭菜切段、豬血切片備用。

2　備一鍋滾水，加少許鹽，
　　略為汆燙豬血約20秒。

3　取一炒鍋，加入油蔥酥並
　　爆香蒜末，加入韭菜頭部
　　略炒一下。

4　倒入高湯於鍋中，並放入
　　豬血；接著下醬油、糖煮
　　至入味。

5　最後下沙茶，並加點醬
　　油、胡椒粉、香油即可。

Ε 豬網油

豬網油是從豬的胃部所取下的網狀油脂，常用來包覆肉塊或絞肉，
能幫助煎烤後的肉能帶有油脂、比較不乾澀，同時有包覆定型的作用。

處理訣竅

1　將豬網油先仔細攤平。
2　攤平後，放絞肉於豬油
　網上並捲起。
3　捲至一半時，將兩側往
　內收再捲完，最後用刀
　子修掉多餘的地方。

簡單做・好美味! 豬網油肉捲

烘烤
●●●●

| 材料 | 一人份 |

豬絞肉⋯⋯500g
豬網油⋯⋯100g
紅椒粉⋯⋯5g
白胡椒粉⋯⋯5g
黑胡椒粉⋯⋯5g
小茴香粉⋯⋯5g
辣椒粉⋯⋯5g
鹽⋯⋯10g
紅酒醋⋯⋯20ml

作法

1. 將豬網油以外的材料全拌在一起，攪拌豬絞肉時，注意保持低溫。
2. 用豬網油包裹肉餡，再捲成適當大小。
3. 放進烤箱，以180度烤8分鐘至肉餡熟即可。

烤

烤小里肌佐紅酒洋蔥醬 —————————————— 32

黑橄欖豬肉捲 —————————————————— 34

蘋果葡萄乾烤豬肉 ———————————————— 38

丁骨豬肉佐香料鹽 ———————————————— 42

黑胡椒二層肉 —————————————————— 52

臺東 Salimali 風味香烤豬腿肉 ——————————— 98

爐烤肝連沙拉 —————————————————— 114

豬肚香料麵包燒 ———————————————— 122

焗烤漢堡肉配薯條佐蜂蜜芥末醬 ——————— 140

油醋豬頰肉沙拉 ———————————————— 146

墨西哥香料烤肋排 ——————————————— 158

燉、煮

紅咖哩豬肉燉飯 ———————————————— 40

西班牙豬肉燉鍋 ———————————————— 54

燉煮豬軟骨 —————————————————— 56

德國鹹菜燉豬五花 ——————————————— 58

腩排燉馬鈴薯 —————————————————— 60

咖哩與辣椒燉豬小排 ————————————— 62

蕃茄辣醬豬梅花細扁麵 ———————————— 72

燉煮梅花豬佐蜂蜜肉汁 ———————————— 74

奶油錦菇燴豬腱 ———————————————— 84

紅酒燉豬腱佐時蔬 ——————————————— 86

高麗菜肉捲佐肉汁 ——————————————— 88

慢煮後腿肉附奶油白豆 ———————————— 90

白酒高湯燉豬蹄 ———————————————— 92

蔬菜腰豆燉豬肉 ———————————————— 94

燜煮後蹄膀 —————————————————— 96

蕃茄燴豬耳 —————————————————— 108

腰花茄汁義大利麵 ——————————————— 118

蕃茄豬肚燉飯 ——————————————————————————— 120

奶油起士豬肝麵餃 ————————————————————— 124

豬腱湯佐鯷魚醬 ——————————————————————— 126

豬跳舞風燴煮豬肉丸 ———————————————————— 136

豬尾巴蔬菜湯 ————————————————————————— 154

豬舌燉飯 ————————————————————————————— 156

高麗菜燉豬肋排 ——————————————————————— 160

炸

炸起司豬排佐第戎醬 ———————————————————— 36

炸義式香料豬米飯可樂餅 ————————————————— 80

德國豬腳佐蜂蜜芥末醬 —————————————————— 82

鹹酥耳朵佐酸豆美乃滋 —————————————————— 106

油炸豬肝配時蔬 ——————————————————————— 116

炸豬肉丸佐檸檬優格醬 —————————————————— 134

炸春捲佐甜辣醬 ——————————————————————— 138

酥炸豬尾巴 ————————————————————————————— 152

煎、炒

香煎香料豬五花配醃製蔬菜 ——————————————— 50

快炒香辣豬肉燥 ——————————————————————— 132

其他

香料肉醬抹麵包 ——————————————————————— 68

涼拌酸甜醬豬肉片 ————————————————————— 70

豬肉凍 ——————————————————————————————— 104

豬頸肉佐味噌沙拉醬 ———————————————————— 148

煙燻豬頰肉 ————————————————————————————— 150

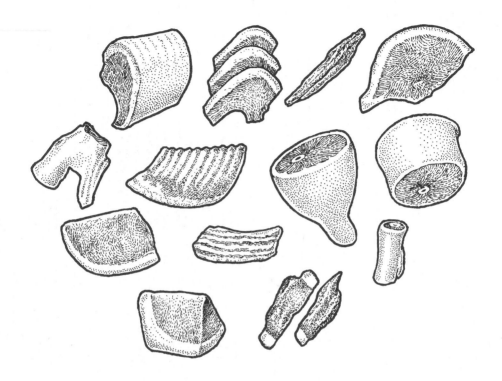

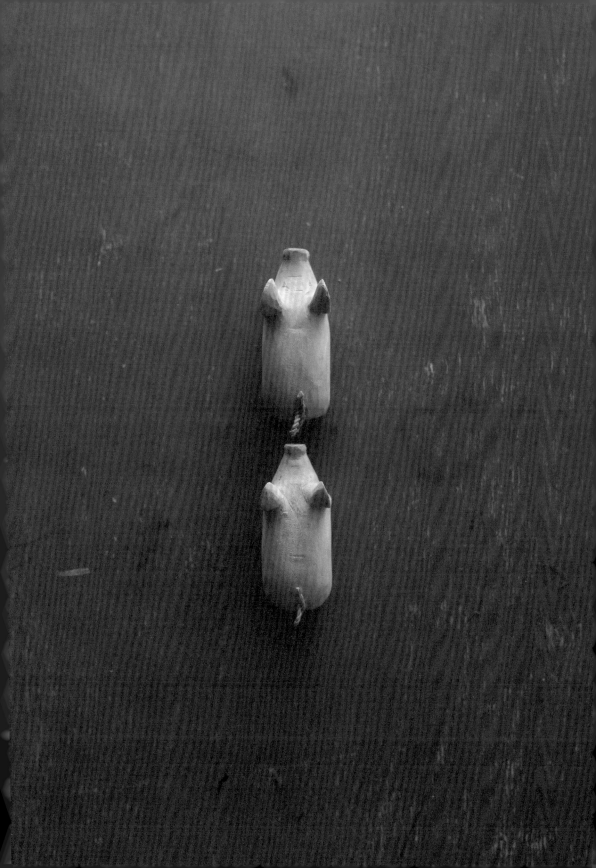

PORK
COOK
BOOK